U0321448

楼盘黑皮书3

国际楼盘设计年鉴2013

策划 麦迪逊出版集团有限公司
主编 张先慧

图书在版编目（CIP）数据

楼盘黑皮书3：国际楼盘设计年鉴2013/张先慧主编.
—天津:天津大学出版社，2013.1
ISBN 978-7-5618-4438-0

Ⅰ. ①楼… Ⅱ.①张… Ⅲ.①住宅—建筑设计—作品集—世界—现代Ⅳ.①TU241

中国版本图书馆CIP数据核字（2012）第192196号

责任编辑 **油俊伟**
美术指导 **李小芬**
美术编辑 **苏雪莹 梁 晓 王丽萍 陈连弟**

出版发行 天津大学出版社
出 版 人 杨欢
地　　址 天津市卫津路92号天津大学内（邮编：300072）
电　　话 发行部：022-27403647　邮购部：022-27402742
网　　址 publish.tju.edu.cn
印　　刷 广州市上美印务有限公司
经　　销 全国各地新华书店
开　　本 289mm×276mm
印　　张 37
字　　数 1142千
版　　次 2013年1月第1版
印　　次 2013年1月第1次
定　　价 448.00元

现代风格

中式风格

新装饰艺术风格

东南亚风格

意大利风格

西班牙风格

美式风格

英式风格

混合风格

导言

张先慧

中国麦迪逊文化传播机构董事长
中国（广州、上海、北京）广告人书店董事长
『麦迪逊丛书』主编

记录精英 传播经典

作为国际楼盘设计行业的优秀设计成果展示，《楼盘黑皮书3——国际楼盘设计年鉴2013》秉持以中国为主，兼容全球其他国家与地区参与的原则，在全球范围内征集优秀的楼盘设计作品。征稿消息发出后，投稿作品数量之多大大出乎我们的意料，全球参与投稿的设计单位达500多家，设计项目稿件更是达1000多件。

为此，主张以创新与发展作为楼盘设计创作的主旋律，以科学与艺术相结合的审美眼光审视楼盘设计作品的《楼盘黑皮书3——国际楼盘设计年鉴2013》紧跟设计前沿变化，在其中精选了52个最为优秀的设计案例汇编成集，并按当下最受市场欢迎的建筑风格对作品进行分类编排，脉络清晰；除图片外，每个项目均附有详细的设计说明文字，使读者更深入地在创新性、功能性、经济性、生态性、地域性、历史性等多个方面对这些案例进行详尽解读，了解各种不同风格的楼盘设计理念和设计手法。

我们用书籍的形式将这些优秀的设计案例记录下来，传播开去，意在对当前楼盘设计文化予以保存的同时，为读者提供了解当代楼盘设计状况及交流思想的平台。

“记录精英，传播经典”，这是“麦迪逊丛书”的宗旨。

现代风格

可持续发展的新兴住宅，意大利罗马

项目资料

项目地址：意大利罗马市　/ 开发商：Impreme Spa　/ 建筑面积：6 500 平方米

设计单位：Studio Nicoletti Associati

项目说明

这两所房子是这个地方的可见支撑点，像是进入一种全新概念生活的大门。多层公寓的简单楼体被受自然形式所激发的弯曲的实体包容线所围合，就像花朵和树叶，并以几何螺旋图为基础。这种结构为每个公寓提供和创造出极为丰富的露台形状。因此，所有的单元都是独一无二的，并与公园的种植区和谐联系。

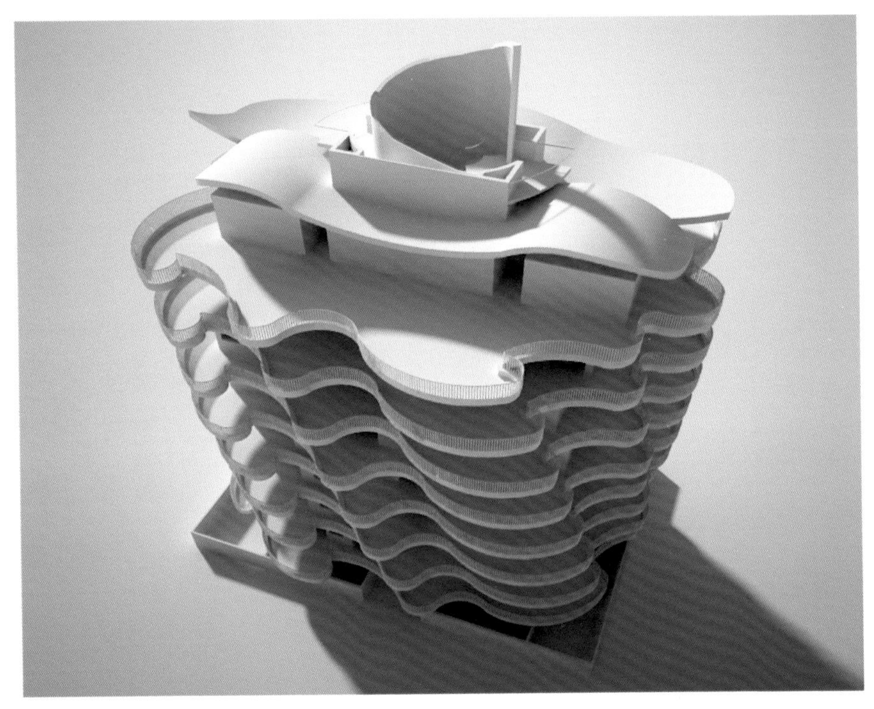

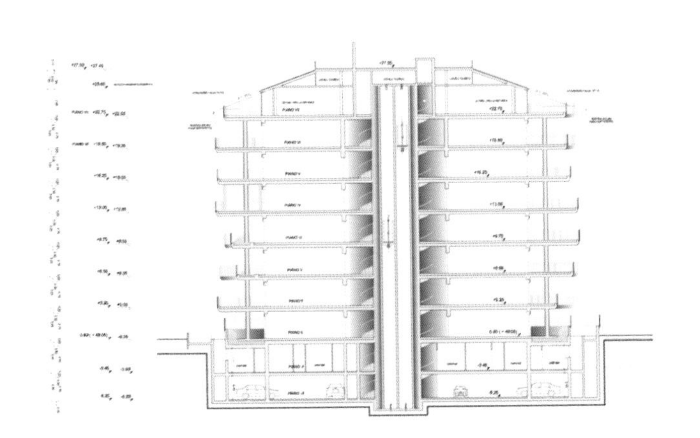

Ed A2
Ed I

珊瑚礁生态村庄，海地

项目资料

项目地址：海地　/ 设计单位：Vincent Callebaut Architect

项目说明

一、项目背景

被称为“西印度群岛的明珠”的海地在很长一段时间内是大安的列斯群岛到访游客最多的国家，在西部的伊斯帕尼奥拉岛中海地的游客数量名列第三。2010年，海地被一场里氏7.3级的地震摧毁，现在这个国家已被重建成具有创新建筑和城镇规划概念的城市。

二、项目定位

珊瑚礁生态村庄项目规划建一个能源自给自足的三维村庄，该村庄由一个个标准化的预制模型构成，旨在为本次地震大灾害中的难民重建家园。

三、设计构思

其灵感来自珊瑚礁流动且组织性极强的形状；整个项目结构看起来就像是两条流动的波浪线，为超过1000个海地家庭提供了住所。

四、规划设计

这两栋波浪形的楼房建在加勒比海的一个人工码头上。构成房子的模块从凹形变为凸形，模块是一致的，就像是连续的地层堆积连成的巨大折纸一样。在两栋波浪形大楼之间还打造出带有露台和小瀑布的峡谷形豪华花园。

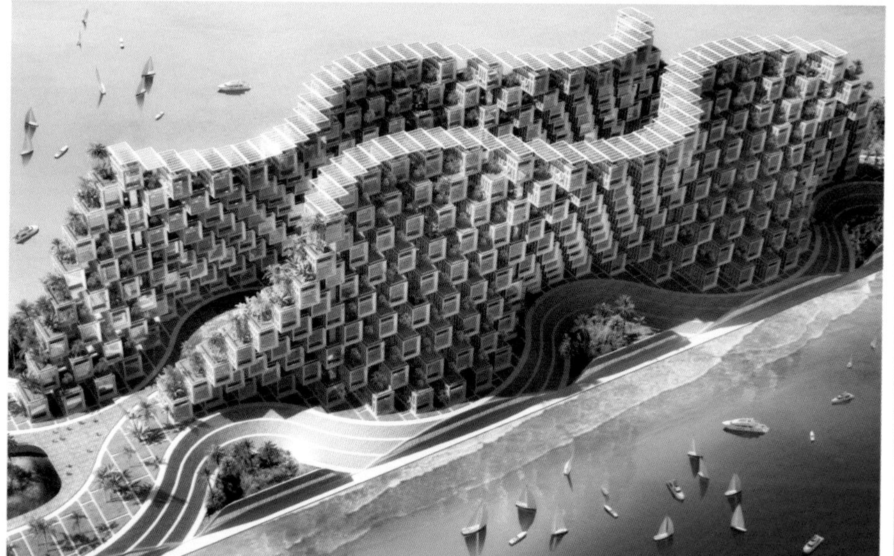

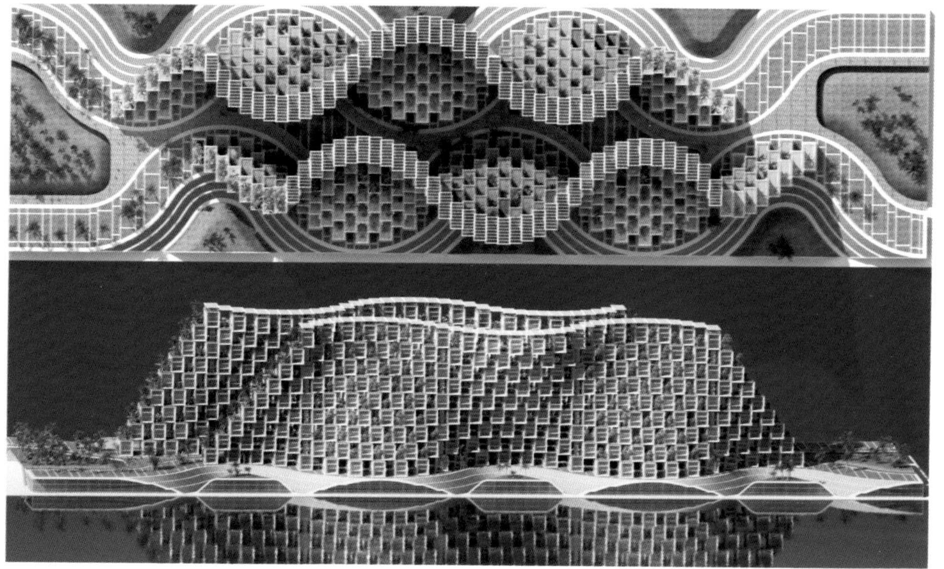

五、环境设计

事实上，交错的平行基础模块使得次要的房子可以叠加在悬臂上面，从而扩大景观视野。每个模型的屋顶成为一个有机的空中花园，使每个家庭都能有一块属于自己的土地可供种植，并用废物来作为肥料。

这个峡谷形豪华花园是当地动植物的一个热带生态系统，由于城市的生物多样化，它也是这座不寻常的村庄共同生活的中心轴，其环境受到人们的尊重。在这些波浪形的生态住宅之间，防震基座（地震发生时可以减少震动）的曲线将社会生活的公共职能整合起来。水栽农场设了养鱼池，而污水则通过净化系统净化后再流入大海。

六、建筑设计

项目的基本结构是两排横向连通且环环相扣的房子，这些房子由热带木材通过金属结构结合建成。总体规划可根据“插件”原则进行改建和扩建。这个生态村庄的城市框架仍然未定，是灵活的，可以根椐时间和空间不断进行改造。为了使这个矩阵更完整，同时满足居民的基本需要，这里将增加新的发展模块。新的扩充模块同样也是预制好由货车运来，将会被添加到这样一个大型钢结构中。该建筑拐弯处隐约可见的结构由八根柱子支撑，这些柱子借助穿过整个村庄的楼层而将所有垂直的环形结构联结起来。

七、生态环保设计

这是个生态环保项目，整合了所有的生物气候系统及可再生资源的生态设计方法。事实上，海洋热能转换是通过浅水域和深海水域之间的温度差异来实现的。通过水力涡轮机把海流动能转换为电能；屋顶上的正弦棚架通过光伏电池板来吸收太阳能，热带花园的巨大的螺旋式风力发电机把风能转换为电能。这些满足了村庄所需的能源。

海地与多米尼加共和国一样，从一开始就利用同样的自然条件和气候条件，自给自足。珊瑚礁生态村庄作为一个新的可持续发展的生态型城市村庄，在地震危机的背景下，克服了重建工期短等一系列严峻的挑战，为灾区的人们提供了高品质的环保生态住宅。

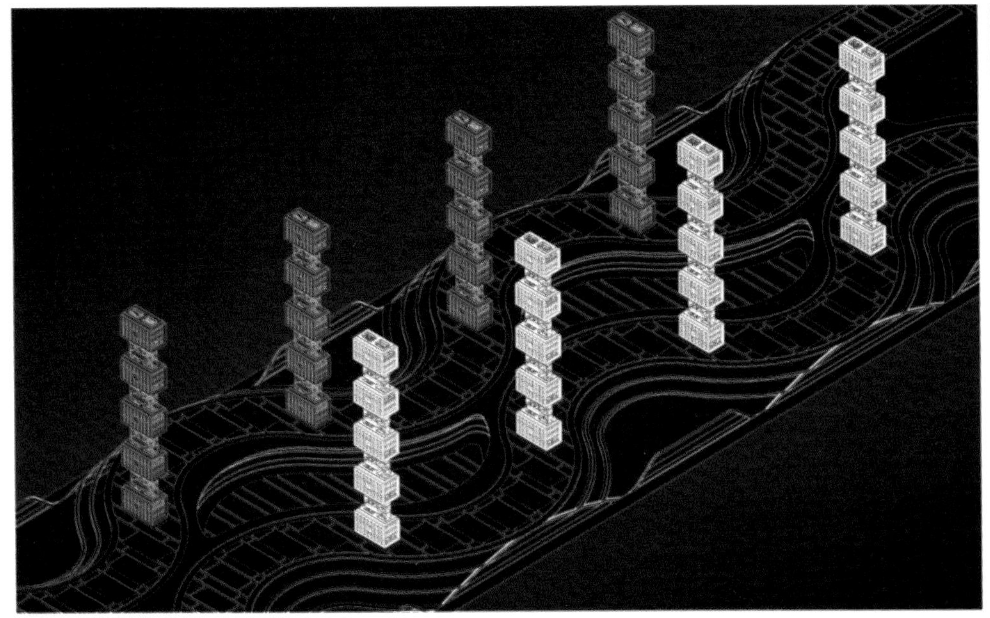

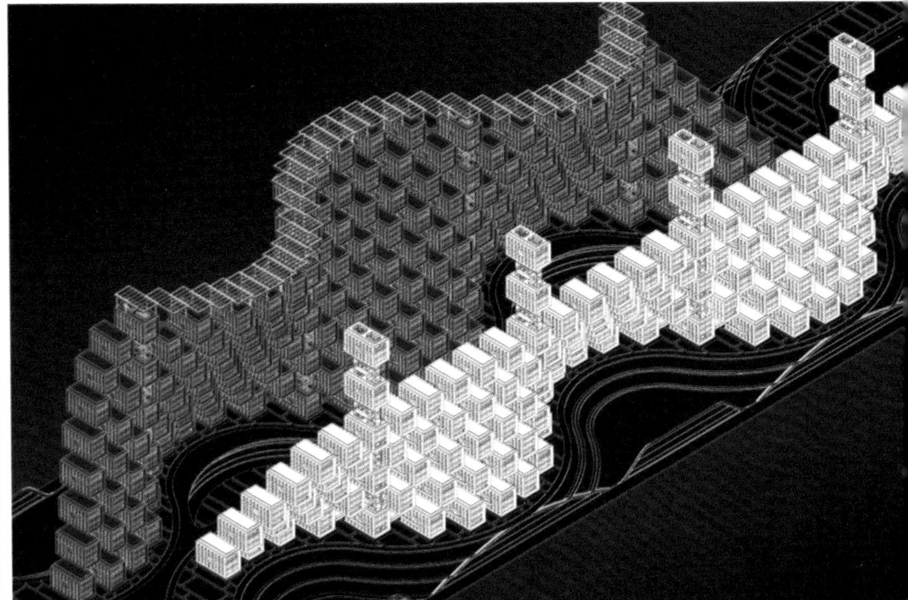

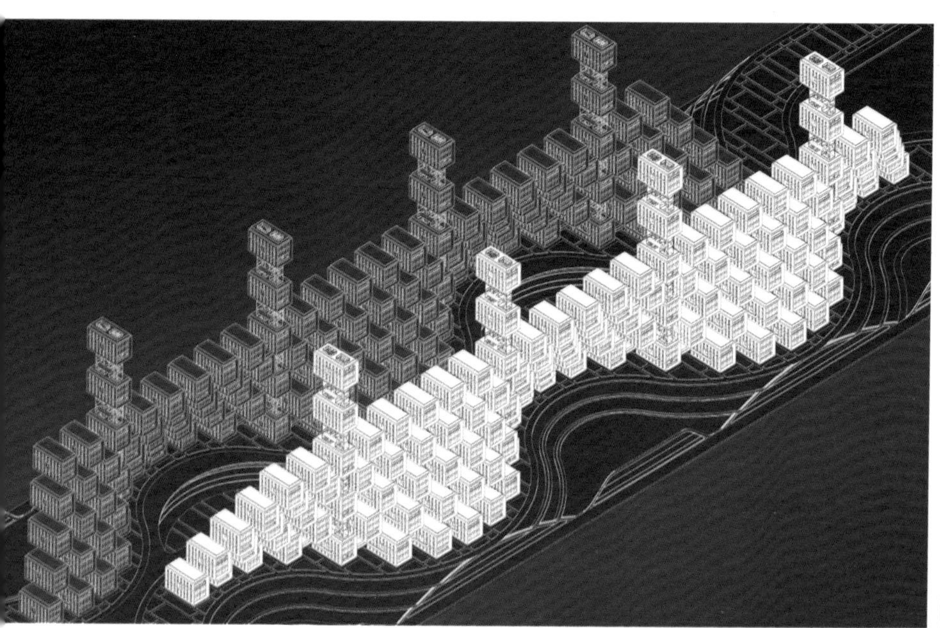

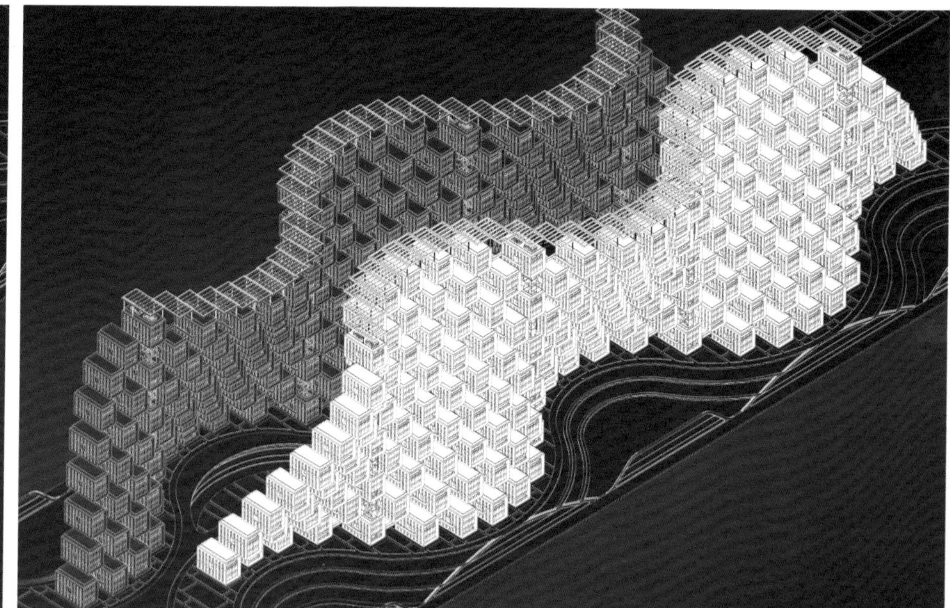

布城滨水住宅，马来西亚布特拉贾亚

项目资料

项目地址：马来西亚布特拉贾亚市　/建筑面积：280000平方米　/开发商：Putrajaya Holdings Ltd. Malaysia

设计单位：Studio Nicoletti Associati、Hijjas Kasturi Associates Sdn

项目说明

一、项目概况

布城是马来西亚的新行政首都，位于吉隆坡市与吉隆坡国际机场之间，距两地各约40千米。这个新建立的市镇位于由大片油椰子种植园相互连接而成的小岛上，政府大楼正处于群岛的中心，而居民楼群面向水面。居民楼像是漂流在泻湖之上的一条巨大的帆船，肋骨一样的结构体系构成了该“帆船”的外观，为各个居民楼提供了必要的阴凉，却仍然与人造的泻湖美景交相辉映，丝毫没有伤害这美丽的风景。

二、整体规划

整个项目规划的重点在于如何处理建筑与滨水或滨湖地区的关系。当街道上的建筑调整街道对准度的同时，水岸开发规划应该把街道和水岸联系起来。当前的总体规划设计创造的庞大的建筑体块的印迹使人想起古老的美国建筑模式。

本案设计是建立在深入了解周围环境和热带气候的基础之上的。这里有三个因素影响了整个设计规划：允许可渗透建筑砌块，较小的建筑体块和放射性建筑来增强景观廊道的可视性，并且加强街道与湖畔的联系；打破10层限制，改变建筑高度，使体块层次上的节点升高；通过设置一个独特的天棚屋顶来统一建筑的外形。

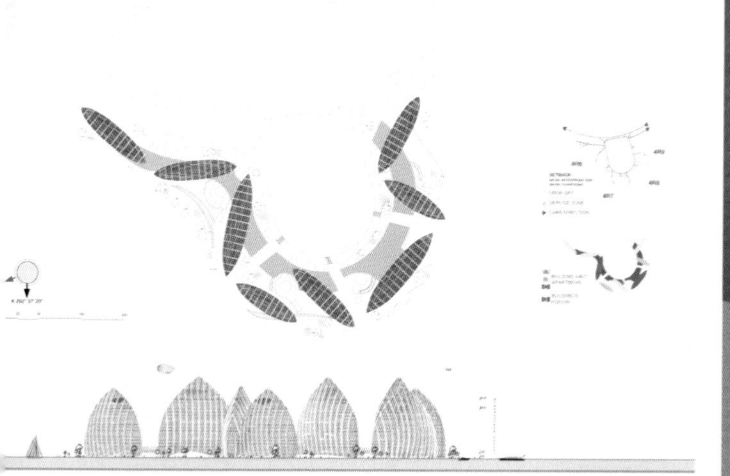

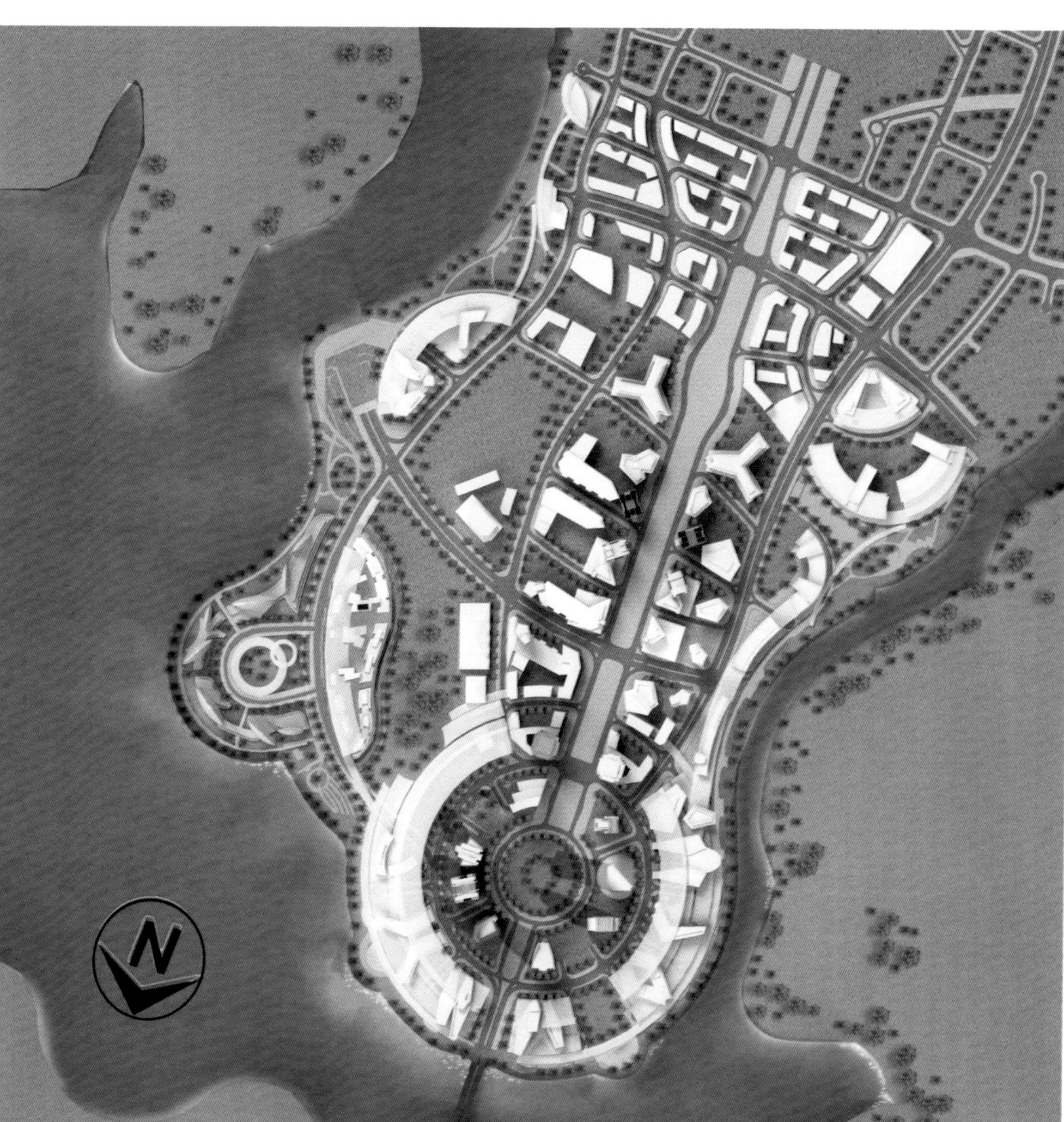

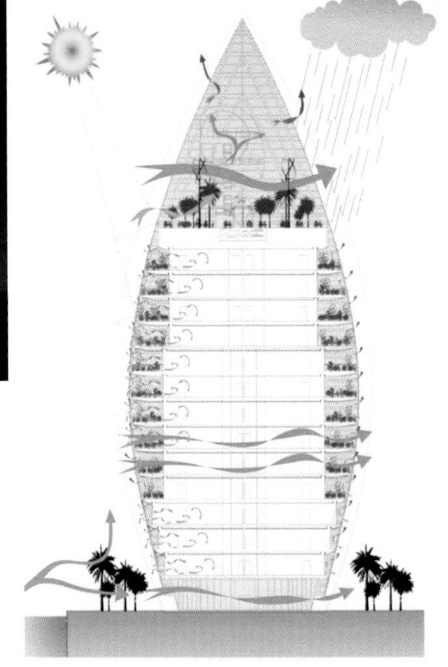

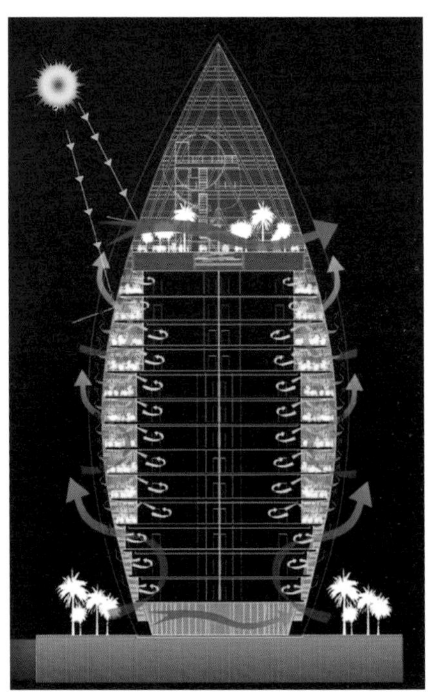

设计把景观放在优先地位，打造出面向水体的“帆船”状建筑，并把它融入公园景观，创造出一系列的绿色庭院。设计注重建筑朝向，保证最优的水体景观。建筑体块被分割成数个不同高度的较小的体块。这种结构可以保证景观和建筑体块的有效结合。位于建筑间的景观空间和公共空间增大许多，打造出一个有趣的“旅程”。

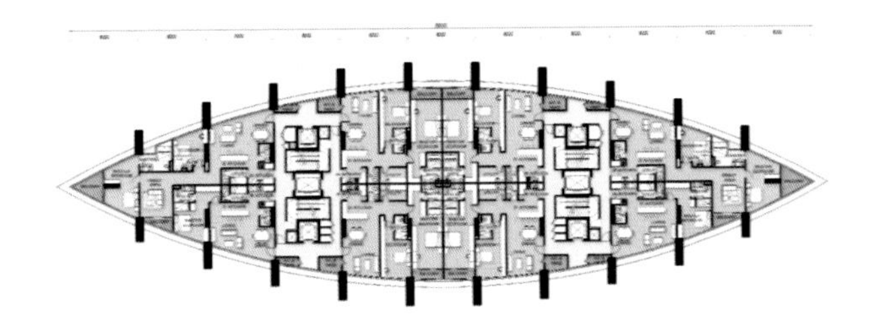

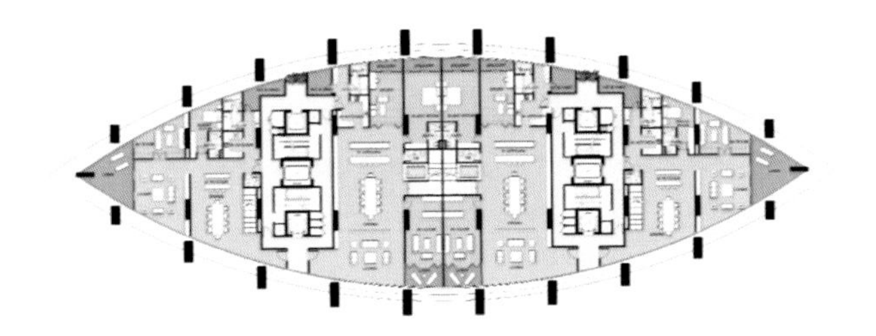

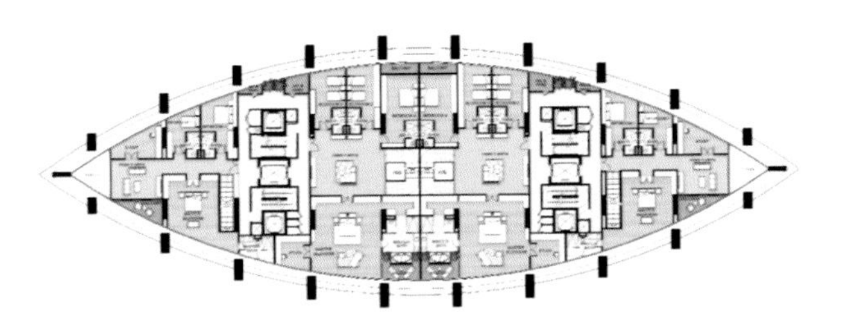

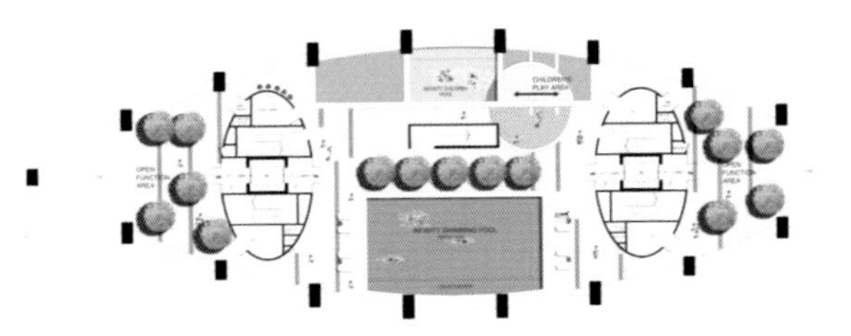

住房+，丹麦奥尔堡

项目资料			
项目地址：丹麦奥尔堡市	/建筑面积：7400平方米	/开发商：Enggaard A/S	/建筑设计：C. F. Møller Architects
景观设计：Vogt Landscape	/建筑工程：Moe & Brodsgaard	/项目顾问：Cenergia, Phillips, Schuco, Erik Juul	

项目说明

作为五大合作方之一的C. F. Møller Architects为位于奥尔堡海滨的60套零能耗的住宅试验项目设计了方案——住房+。在所有参赛方案中，它是符合政府对零能耗的严格要求的两个方案之一。在C. F. Møller这个案子里，可以通过建筑设计和以用户为中心的创新技术相结合的方法来实现零能耗的目标。

C. F. Møller在住房+的设计理念中提出这样一个远大的目标——实现零能耗，其中还包括出租人的主要家庭能源消耗。因此，这个项目必须100%依赖可再生能源。

项目的核心是整合能源的设计使用，以此来树立未来住宅的概念：与消耗的能源相比，产生的能源更多。这可以通过优化整座建筑物固有的能量吸收系统，并利用它所处的位置积极收集太阳能来实现。

因此，该项目的建筑主体正在有意地超越那些总体规划中规定的条款，通过更好地平衡那些原本总体规划没有考虑到的初始建设成本和用在可再生能源方面的投资，来实现经济效益的可持续性。

从12层到4层，这60套住房单元呈缓缓下滑的斜坡式，创造出一个朝南的大屋顶平面，极其有利于太阳能的收集，并满足所有住房用户对能源的需求。这种优化的形状也具有里程碑意义，创造了奥尔堡桥梁边显著的地标轮廓。

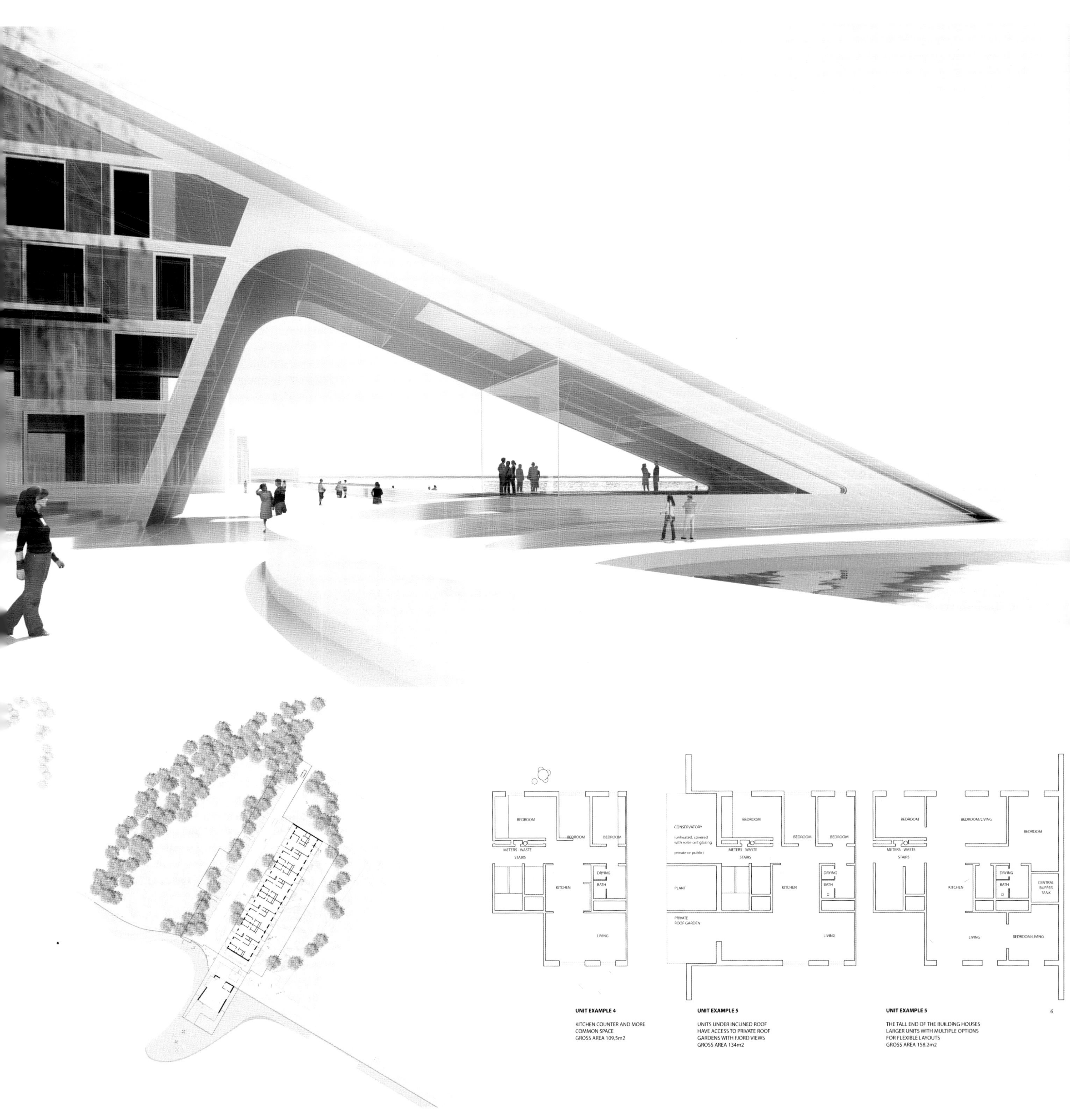

BEDROOM
BEDROOM
BEDROOM
METERS WASTE
STAIRS
KITCHEN
DRYING
BATH
LIVING
CONSERVATORY
(unheated, covered with solar cell glazing
private or public)
BEDROOM
BEDROOM
BEDROOM
METERS WASTE
STAIRS
PLANT
KITCHEN
DRYING
BATH
PRIVATE
ROOF GARDEN
LIVING
BEDROOM
BEDROOM/LIVING
BEDROOM
METERS WASTE
STAIRS
KITCHEN
DRYING
BATH
CENTRAL
BUFFER
TANK
LIVING
BEDROOM/LIVING
UNIT EXAMPLE 4
KITCHEN COUNTER AND MORE
COMMON SPACE
GROSS AREA 109,5m2
UNIT EXAMPLE 5
UNITS UNDER INCLINED ROOF
HAVE ACCESS TO PRIVATE ROOF
GARDENS WITH FJORD VIEWS
GROSS AREA 134m2
UNIT EXAMPLE 5
THE TALL END OF THE BUILDING HOUSES
LARGER UNITS WITH MULTIPLE OPTIONS
FOR FLEXIBLE LAYOUTS
GROSS AREA 158,2m2
6

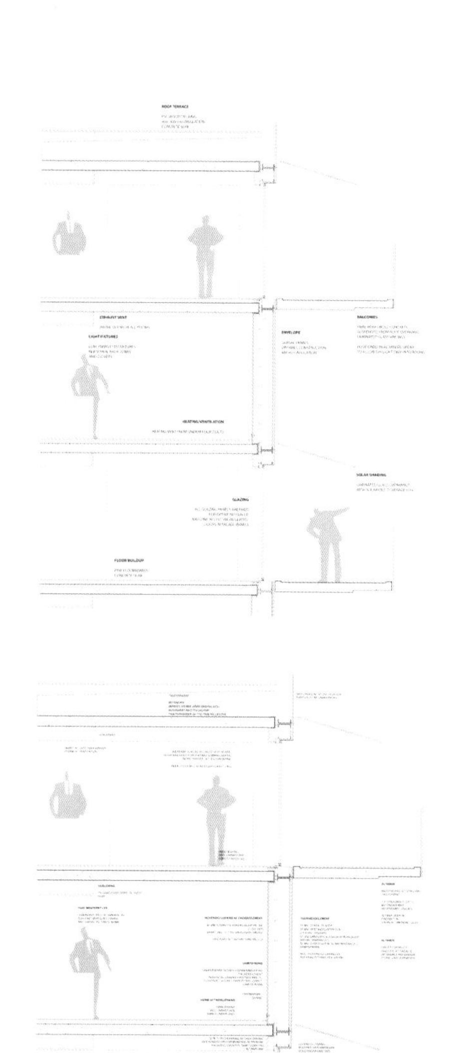

屋顶平面一直延伸到Limfjord海湾。在这里，它设置了一个眺望台和一个咖啡厅。整个屋顶的延伸突出了该建筑戏剧般的形状，并通过使用太阳能电池成为该建筑的发电厂。

该住房是按生态节能环保的住房标准建立的，以确保在暖气供应、热水供应等方面减少能源消耗，而这些可以通过用一个宽3米、高12米的高度绝缘水箱存储白天太阳照射所产生的能量来实现。

这个1 200平方米的太阳能电池阵产出的能量足够满足每个单元每年1740千瓦时，整栋建筑每年共计104 400千瓦时的能量需求。因此，该建筑并不需要与外部的热电联产连接。

4个垂直的低噪声风力涡轮机充分利用这里的地理位置，通过风能来发电，从而获得额外的能源，同时为电动车提供能源。

这是一个不同凡响的设计方案，它超越了现有的和未来的住宅规划可以实地产生电能的要求，真正实现了零消耗。

8字公寓，丹麦哥本哈根

项目资料			
项目地址：丹麦哥本哈根市Oerestad	/ 占地面积：1700平方米	/ 建筑面积：614000平方米	/ 住宅套数：476套
开发商：St.Frederikslund Holding	/ 建筑设计：BIG-Bjarke Ingels Group		
合作方：Hopfner Partners, Moe&Brodsgaard, Klar			

项目说明

8字公寓坐落于丹麦哥本哈根市，可尽收哥本哈根的运河美景，俯瞰Kalvebod Faelled自然保护区，不仅提供了满足各个年龄段需求的居民住宅以及城市商业及贸易办公场所，也是一座可以让人们从底楼一直骑自行车上顶楼的住宅，沿途人们还可以欣赏蜿蜒贯穿城市周围街区的一排排花园小屋。

8字公寓处处体现了严密的设计。在这里，郊区生活的宁静与城市发展的活力相结合，商业与住宅共存。8字公寓也是一个将个人生活融入公共社区的地方。同时，也可以在顶楼的绿色花园里欣赏夜晚的星星。

大楼规划了三种住宅类型：面积大小不等的公寓，顶层公寓与度假屋。度假屋结合了城郊的宁静与城市的活力，它开放式的住宅适合新派的家庭；而单身人士或是小夫妻可能觉得公寓更有吸引力。如果是喜欢把生活发挥至极致的人，以极佳视野和豪华为卖点的顶层公寓则可以成为他们的游乐场。能激发探险灵感及具有社区感的外部空间联结了不同的住宅类型。

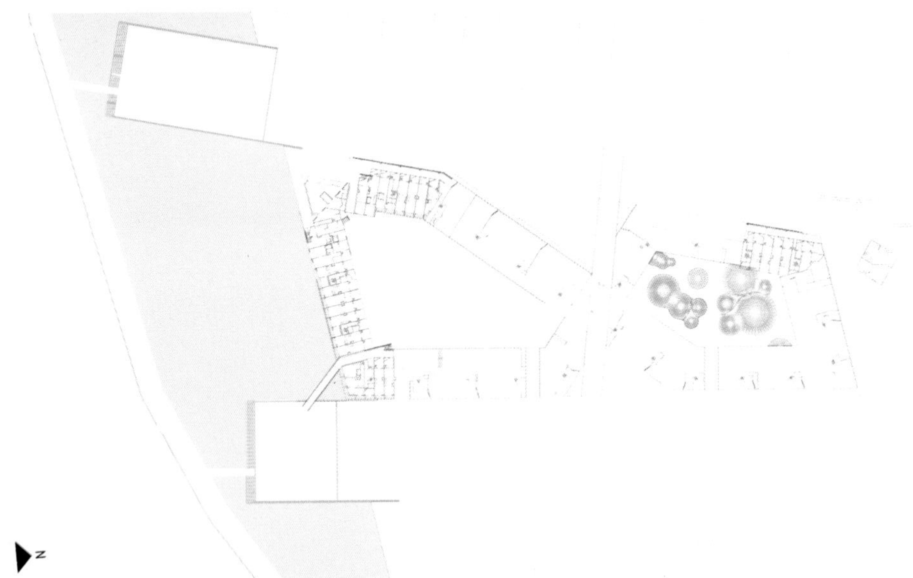

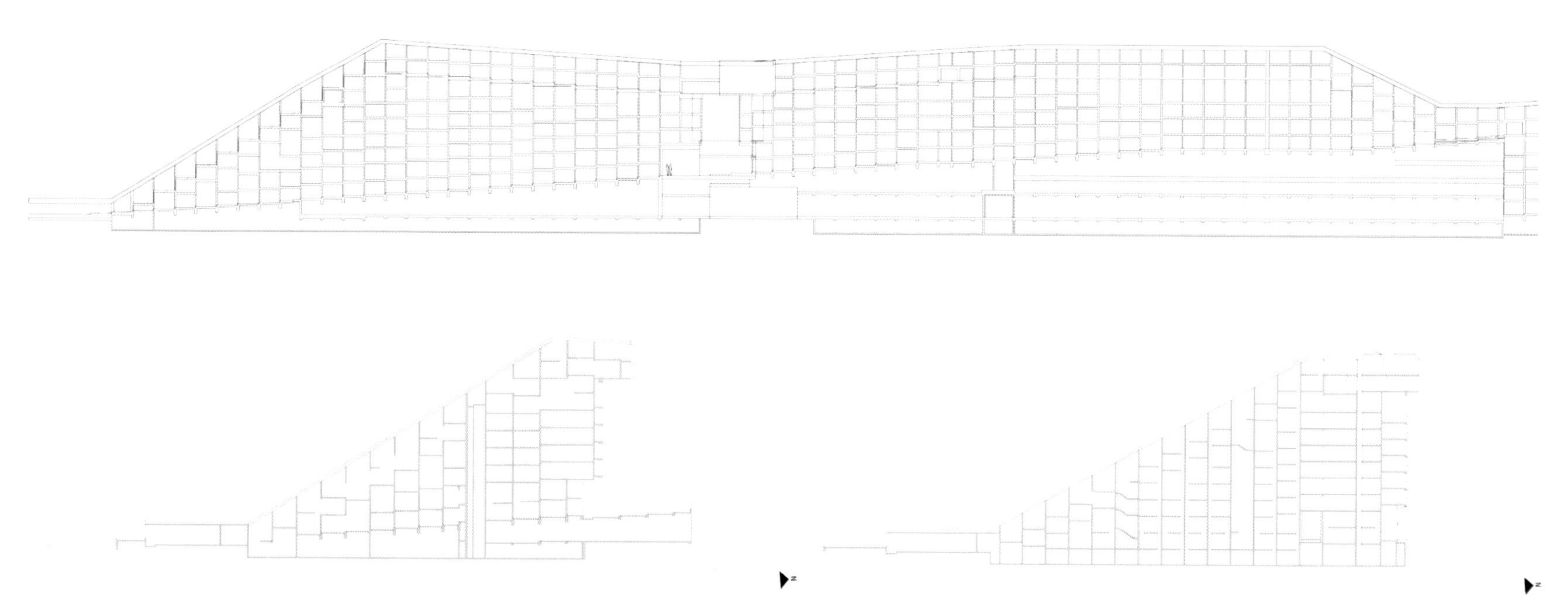

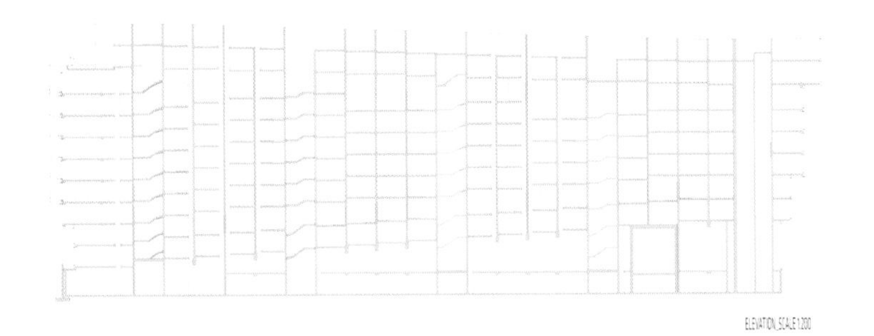
ELEVATION_SCALE 1:200

8字公寓的设计灵感来源于典型住宅区及功能主义建筑开放式的本质特点。设计建造了高低错落的狭长连贯的房屋，这种结构设计保证了良好的采光性，同时也营造出带有花园和小径的社区，让人们仿佛置身于北欧的山间，或像是回到了童年生活一样。这个建筑包括两个不同的空间，这两个空间在中央被分开，中央有供所有居民使用的500平方米的公共场地及配套设施。住宅楼内有9米宽的通道，所有居民都可以从西边的公园区走到东边的水景区。在区隔住宅区和商业区方面，设计选择了在水平面上设置不同的功能区，而不是把各种功能区切割成封闭的空间。公寓建在建筑的顶层，商业区则位于下面的楼层。这样一来，不同的楼层都具有了自己的特点：公寓尽享广阔的视野，充足的阳光及新鲜的空气，而办公楼则与街道上的生活相联系着。8字形的结构强化了这种效果，它在东北面升起，又在西南角收紧，从而使得光线和空气可以到达庭院的中部。

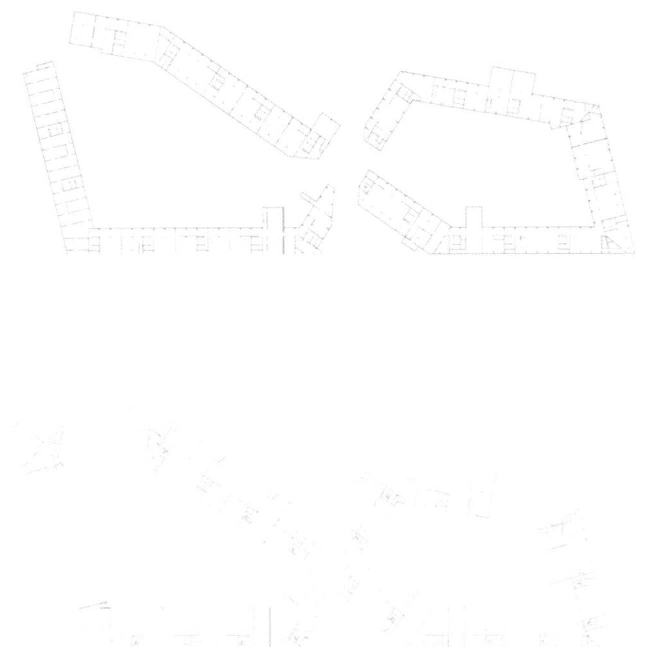

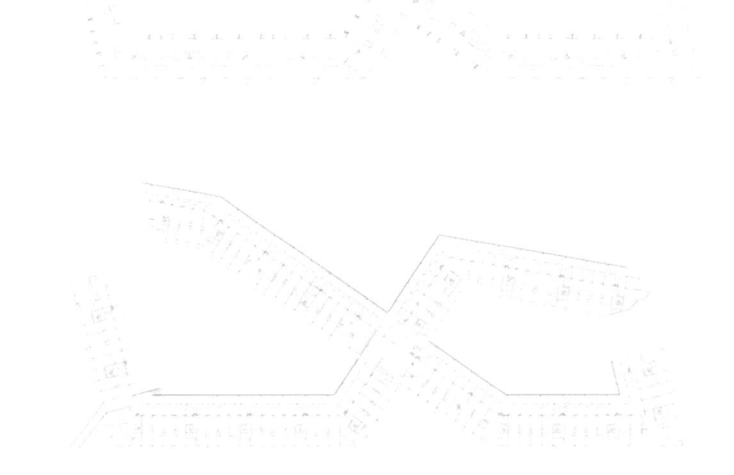

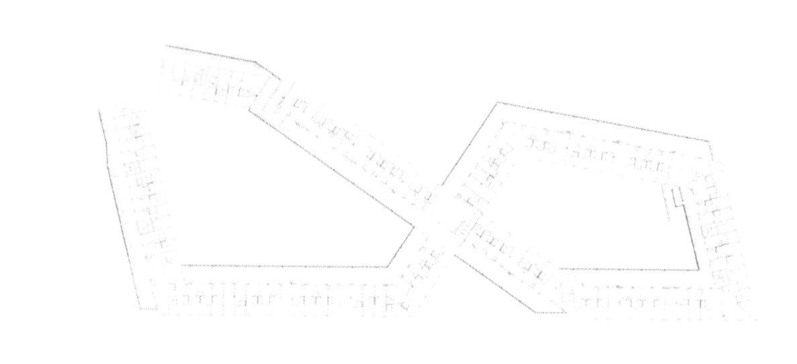

这种建筑具有创造性和试验性，会激发起一种基于社区感的生活感受。方案设计了一系列共享空间，比如花园、树林和小道。最后，这些公共区延伸交会成一条“登山道”，一直到达屋顶。在11楼的屋顶，可以看到Kalvebod Fælled自然景区的美景。

8字公寓的面积达61000平方米，共476套住宅单元。底楼占地10000平方米的商业区一直延伸到街道及坐落着办公大楼的北院。8字公寓既是出租型房屋，又是面积从65平方米到144平方米不等的私人住宅。

Jõekaare, Tartu RebaseStreet, 爱沙尼亚塔尔图

项目资料
项目地址：爱沙尼亚共和国塔尔图市　/建筑面积：3500平方米(GFA)　/设计单位：Atelier Thomas Pucher and Bramberger [arochitects]
设计团队：Thomas Pucher, Alfred Bramberger, Birte Boer, Ana Norgard,Rupert Richter-Trummer, Hans Waldor, Georg Auinger
Erich Österbauer, Sabine-Katharina Egarter　/效果图制作者：Martin Mathy
摄影师：Lukas Schaller，Jaan Sokk，Thomas Pucher，Alfred Bramberger

项目说明

一、设计理念

大楼最初的设计理念是把独栋住宅的优势与公寓式住宅的特点结合起来。在过去的几个世纪里，独栋住宅的理念发生了翻天覆地的变化。对独栋住宅的重新诠释和不同的设计理念不仅改变了人们的生活方式，也改变了人们的空间利用方式。本方案是要把独栋住宅所拥有的私密性、户外花园和开阔的视野等优势与公寓式住宅的低消费、低维修费的特点结合起来。

问题是有可能将二者结合起来吗？建筑师创造性地设计了一个“叠加式”的解决方案。方案是由别墅和楼顶房屋相互层叠而形成的叠加式别墅。这个设计可以很好地保留独栋住宅的诸如开阔的视野、私人户外空间和常规居住空间的主要优势，同时也减少建筑和维护成本，降低了建筑对环境造成的影响。

二、建筑设计

为了与周边区域最初的城市设计相呼应，项目设计了两种类型的建筑，河边大厦与城市住宅。河边大厦背后的设计理念十分清晰简单：根椐建筑的主要功能来规划住宅单元的室内空间为服务功能区和居住功能区。服务功能区位于大楼的中心区，在这里设置有公寓的入口、衣柜、浴室、桑拿区，厨房也大都位于这一区域。所有的基础设施都集中在这里。这种设计方式既降低了建造费用，也降低了对其他的生活空间所造成的噪声污染。

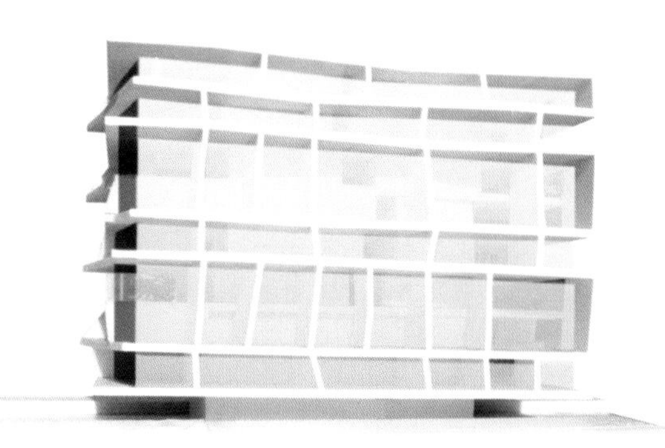

外环区是大楼的居住功能区，这里阳光充足，视野开阔。由于基础的生活设施都位于中心区，居住功能区就显得更加开放，空间重组的灵活性也就更大。可移动的薄墙被简化，满足了居民常年变化的要求。居住功能区被连续不断的阳台包围着，同时，不规则的形状也为每所房屋创建造出极具美感的私人户外空间。这种类型的阳台设计，旨在减轻视觉疲劳，并获得更广阔的视野空间。

第二种建筑类型“城市住宅”则位于更加城市化的环境中。这些公寓沿着现有的街道，南北布局、交错叠加。每座公寓都享有东西方向的阳光。这种架构的设计灵感来源于勒·柯布西耶的住所，该住所宽阔的空间都带有漂亮的艺术廊还有高天花板的客厅。空间灵活性大也是这种建筑的特点，因为高天花板使得改造和变化比较容易，具体在于居住者有什么样的需求。外部的空间与河边大厦的设计理念相符合。围绕着大楼的宽阔阳台打造出独特的户外空间。在地面层的平台为每座房子都创造出私人花园。

海阳城，中国儋州

项目资料

项目地址：中国海南省儋州市　/ 占地面积：696666.67平方米　/ 设计单位：上海栖城建筑规划设计有限公司

项目说明

儋州海阳城项目位于海南省儋州市滨海新区，总用地面积696 666.67平方米，其中一期建设用地340 000平方米，建筑面积660 000平方米，拟建酒店、别墅式酒店、别墅、花园洋房、高层及小高层。景观设计面积为200 000平方米。项目地理位置优越，为一线海景房，交通便利，公共服务设施齐全，开发建设战略地位突出，是儋州市重点项目之一。

卡诺比奥之屋，瑞士卢加诺

项目资料

项目地址：瑞士卢加诺市　/ 建筑设计：Davide Macullo Architects

项目说明

这所房子依偎着卢加诺市北部的阿尔卑斯山的南坡，是一座从地面崛起并顺着山坡的自然走势延伸的建筑。它与周围的环境紧密结合，布局排列有序、合理流畅。

设计采用鲜明而独特的建筑语言，使得建筑立面清晰、明朗，建筑造型与倾斜的山坡浑然一体。通过合理的空间布局，业主可以饱览山林及卢加诺湖的美景。向西它与卡诺比的城市扩建区相呼应；向东它棱角分明的结构意味着它就像一个标志，宣告了城区的结束及邻近山林的开始。

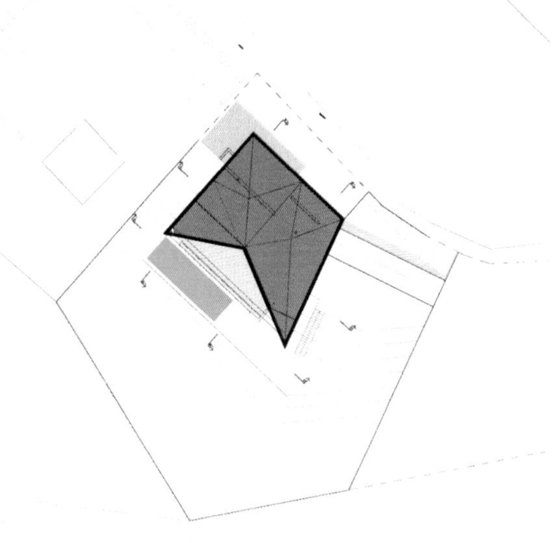

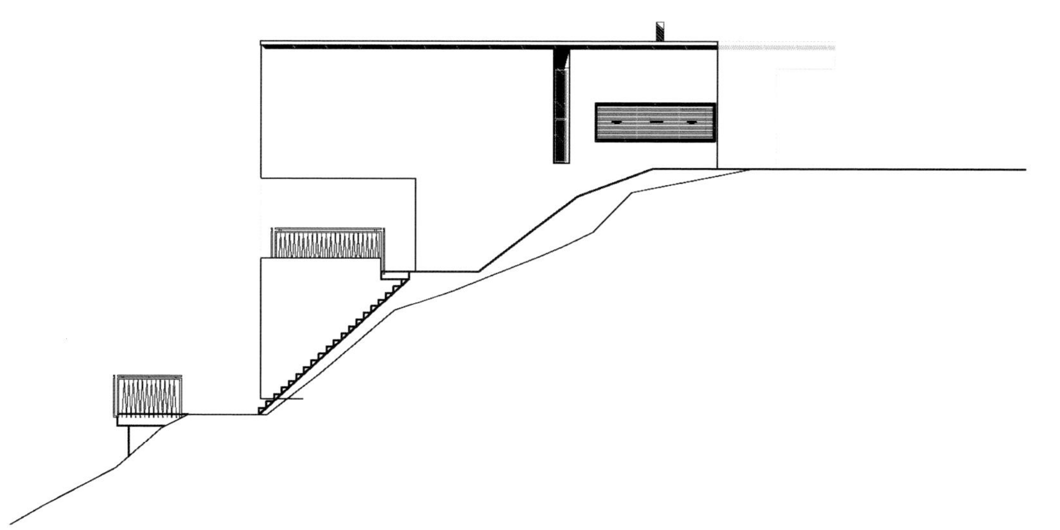

这座房子成30度角面向斜坡而立，这是到达广阔山林边界前最后一块可建之地了。房屋三个楼层的设置与斜坡的相应高度保持一致。该设计有利于房屋不同楼层与外界直接互通，使居住者在每一楼层里都感觉好像还站在地面，但又能体会到凌驾于美景之上的感觉。项目的目标是保证室内外空间在视觉上的连贯性，从而超越空间的物理界限，借用地形，使室内空间延伸到周围美景中。

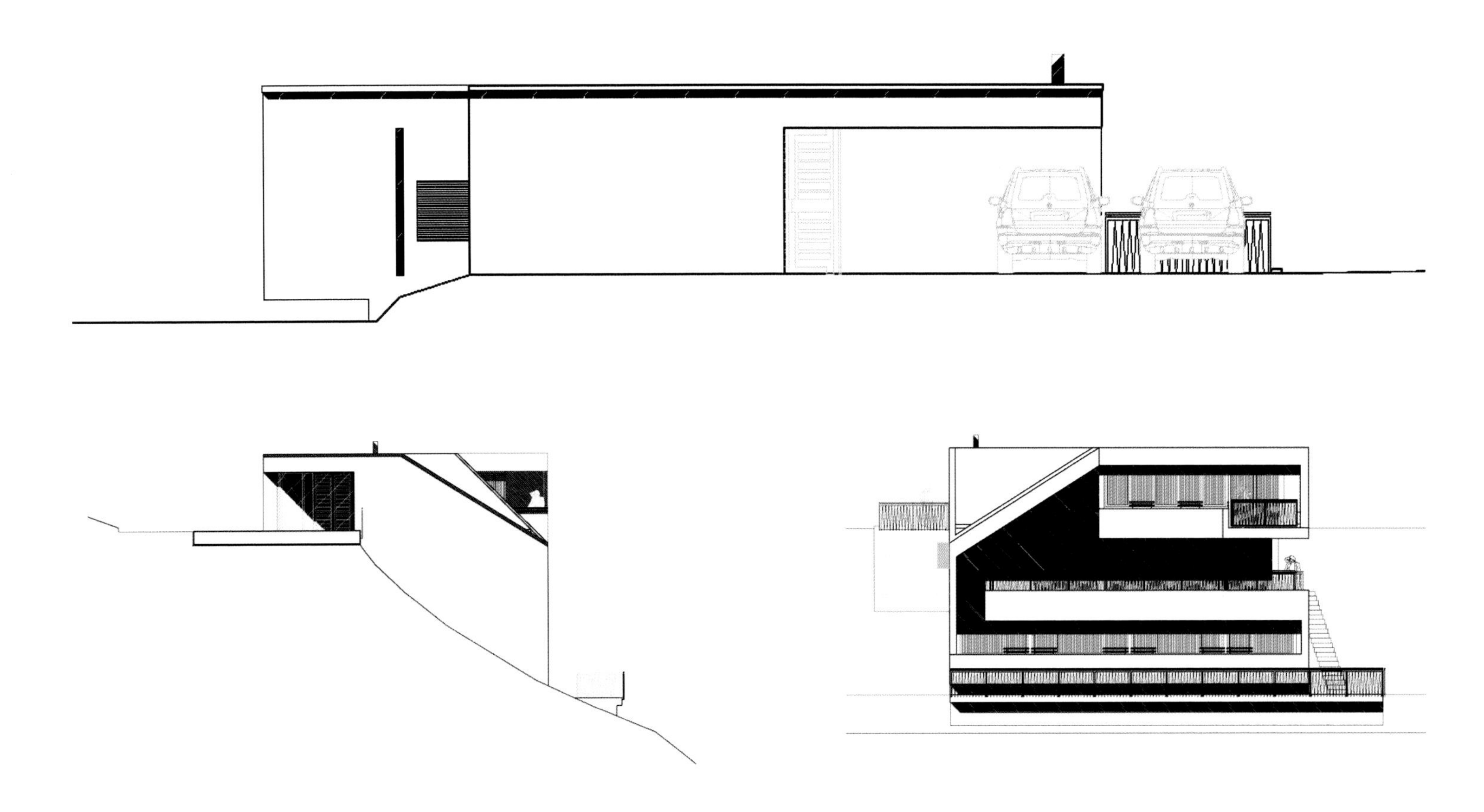

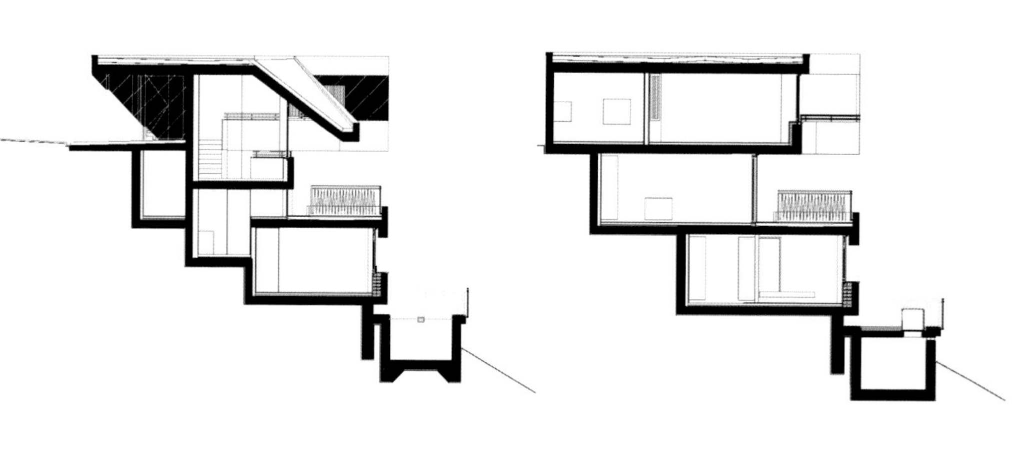

在房屋里走动就像是在山间行走一般。这所房子朝南而坐，景色却随楼层而变化。这个地方的特点是周边的景观一直在变化，底下的山谷就像雕刻出的凹洞，受阳光爱抚，不断改变着它的特点。白天的时候，这些色彩与其他元素相互作用，活泼地扭曲或翻转，使得景观不停地发生着意想不到的变化。早晨天空从白色变成蓝色，接着又从蓝色变成黄色，最后在夜晚的时候变成了深红色。

大尺度地朝向太阳使得这座房子吸收到了丰富的能量。它利用冬阳吸热，将热量储存到阴冷的楼层里，并在晚上释放出来。

这座建筑的结构是内部隔离的，而且完全由水泥构成。它的白色表面使其可以融入作为它北面背景所具有的颜色变化中去。

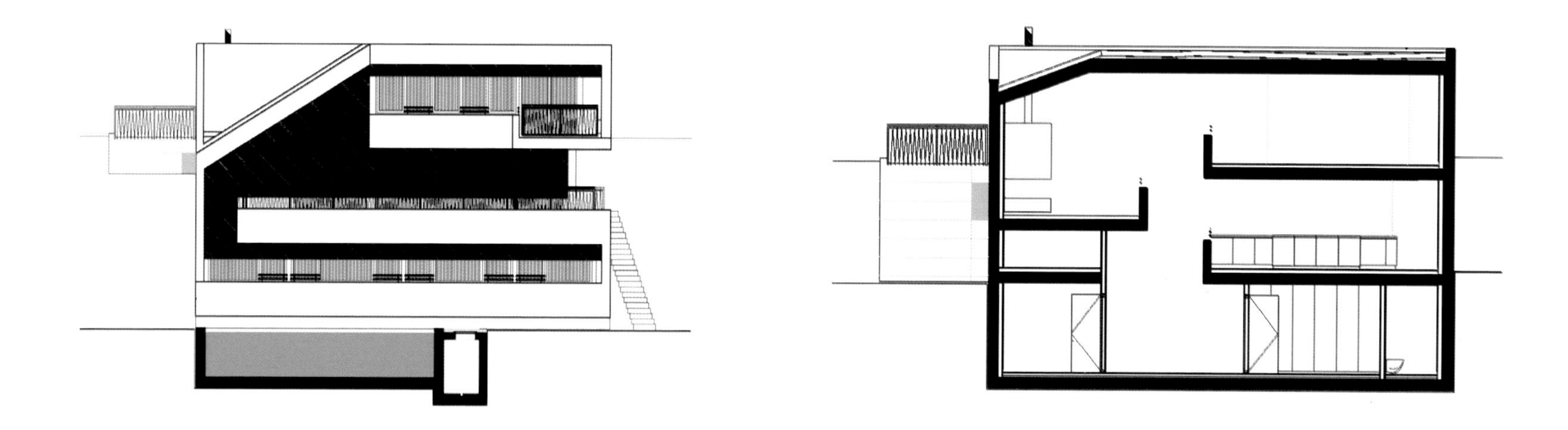

济南节奏，中国济南

项目资料

项目地址：中国山东省济南市　/占地面积：2330平方米　/总建筑面积：28350平方米　/设计单位：SAKO建筑设计工社

项目说明

项目是由250户住宅及店铺、健身俱乐部组成的公寓楼。住户对规格与样式的不同的需求、不规整的地块形状、南北向不同的建筑高度限制、为确保日照的外廊和内廊的组合等各种复杂因素衍生出100种各有特点的户型，使整体的配列片段化，居住最适化。

这样做不是为了掩盖原有的复杂因素，而是将其充分体现在立面设计中。外立面类型的生成规则为：每一层层高由窗下墙、水平连排窗户、垂壁三等分。窗下墙和垂壁使用不同的做法做成。每个住户单元的分割处，通过外墙的做法、材料而发生变化。但是，阳台、起居室等大开口部分以住户单元来划分。被窗和墙三等分的外墙手法为建筑增添了种种风情。建筑立面的处理就像是将散落在硬盘中的数据做了一次最优化的组合。

小
THE ROYAL

在70平方米的1LD户型中，客厅和卧室的墙通过移动推拉门而实现了用水平连排窗户演绎出的12米宽的开阔视野。另外，在凹进去的天花板的侧面使用镜子的做法，不仅映入了灯槽的照明，也营造出“升”字状般的“光柱”。通过穿越设置在中廊的私密性阳台的太阳光线，可以感受到外部的时间变化。

在一层和地下一层的店铺内设置了“内街”，在其东南西北的四个面上各设有一个出入口，对居住在周围的人来说可作为一条日常穿越路使用。

Jules Mousseron公寓，法国Noyelles-Godault

项目资料

项目地址：法国Noyelles-Godault　/建筑面积：33305 平方米　/开发商：Noyelles Godault Community　/设计单位：OFIS arhitekti

建筑团队：Rok Oman, Spela Videcnik, Janez Martincic, Robert Janez, Katja Aljaz, Janja del Linz, Andrej Gregoric, Cristian Gheorge

摄影师：Tomaz Gregoric

项目说明

一、项目背景及定位

这是一个位于法国东北部的经济适用房项目。它为老年人和年轻家庭提供个人住房和集体住房。项目设计要求符合城市发展的需要，旨在最大化开发该选址的潜力。其灵感来自周围传统的砖结构建筑物。跟传统的民居一样，该建筑试图通过高低不平的屋顶和城市天际线来打破人们的视觉空间，创造一个更加和谐美好的居住环境。

二、规划设计

当地建筑物的高度及其布局都遵循一定的逻辑，以最大限度地实现自然采光、通风和取得最好的观光视角。建筑物间这种高度的落差在大街上创建了一个充满活力的城市天际线，并成为街头最引人注目的一景。

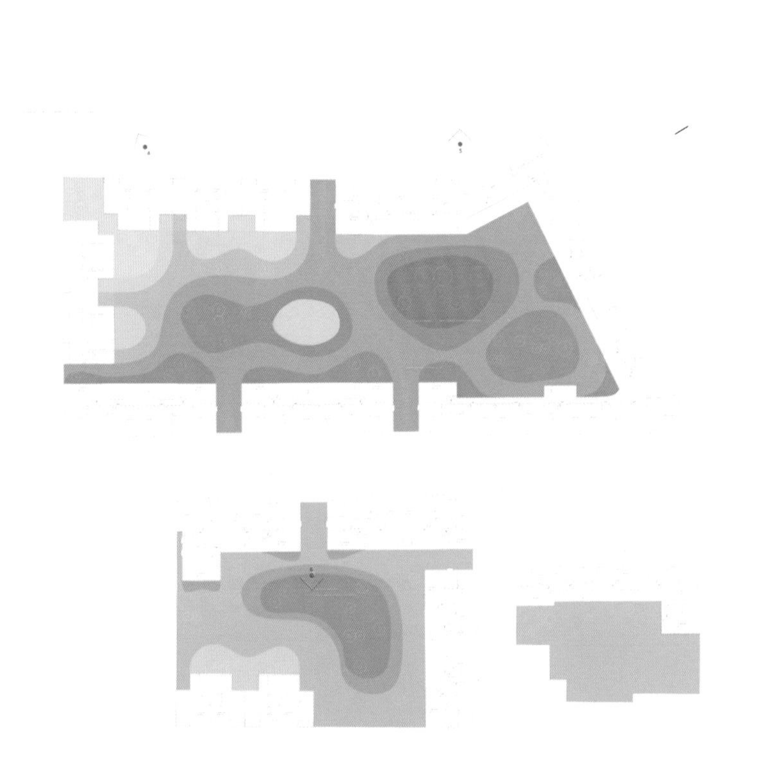

collectif

rue tradionnelle du nord de la france

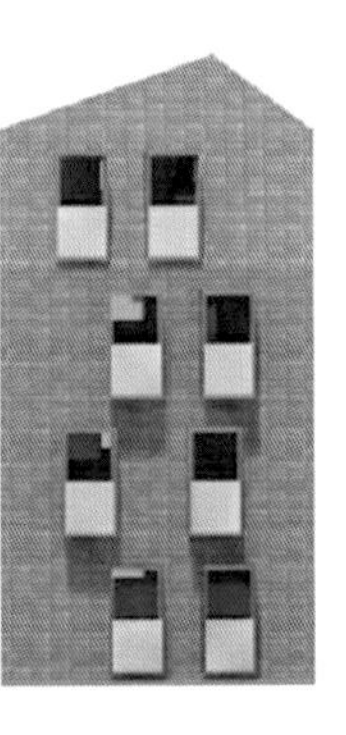

maisons er logements du voisinage

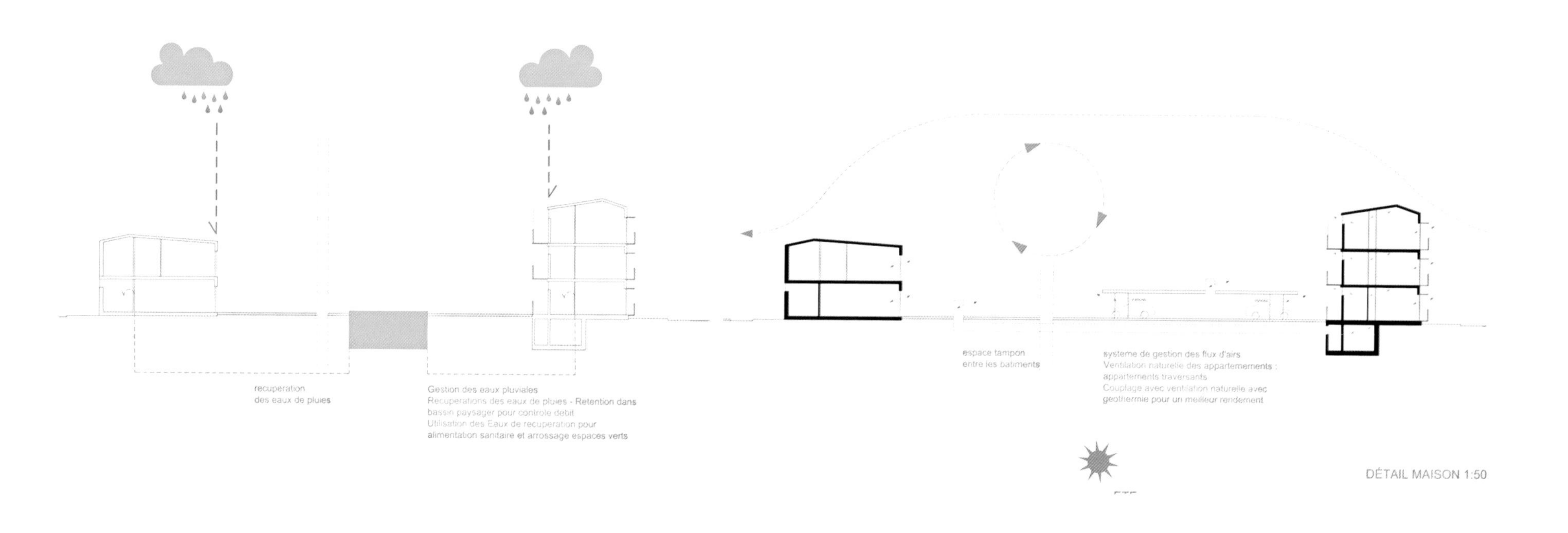
recuperation
des eaux de pluies
Gestion des eaux pluviales
Recuperations des eaux de pluies - Retention dans
bassin paysager pour controle debit
Utilisation des Eaux de recuperation pour
alimentation sanitaire et arrossage espaces verts
espace tampon
entre les batiments
systeme de gestion des flux d'airs
Ventilation naturelle des appartemements :
appartements traversants
Couplage avec ventilation naturelle avec
geothermie pour un meilleur rendement
DÉTAIL MAISON 1:50

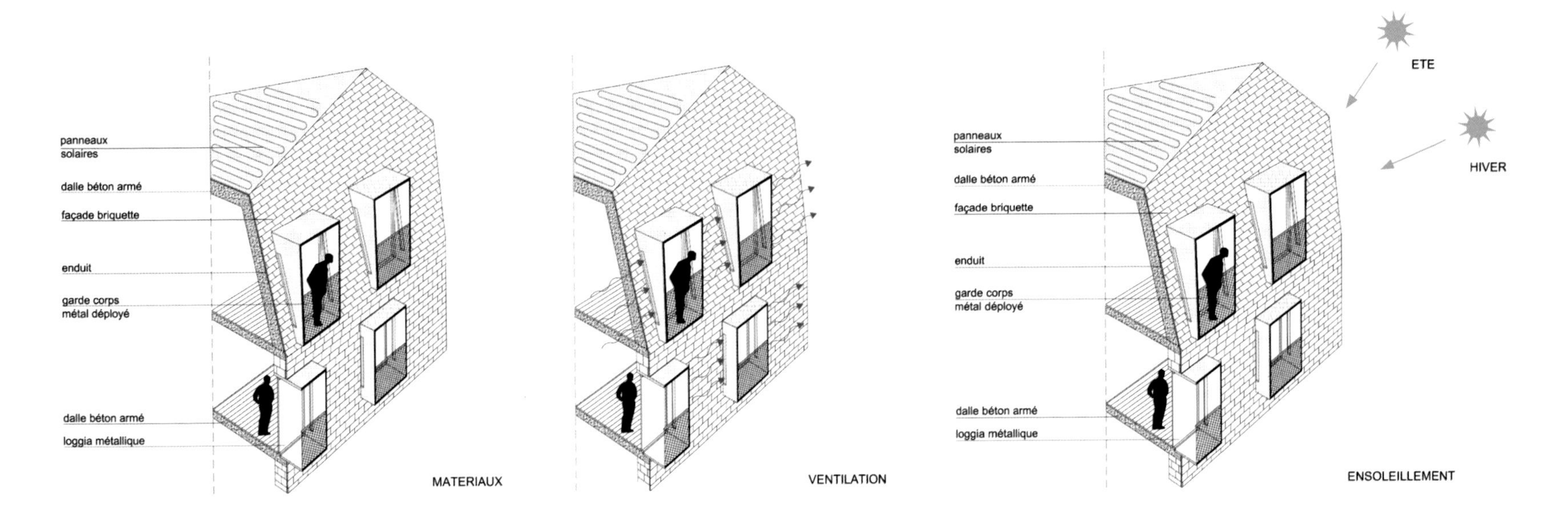
panneaux solaires
dalle béton armé
façade briquette
enduit
garde corps métal déployé
dalle béton armé
loggia métallique
MATERIAUX
VENTILATION
ETE
HIVER
panneaux solaires
dalle béton armé
façade briquette
enduit
garde corps métal déployé
dalle béton armé
loggia métallique
ENSOLEILLEMENT

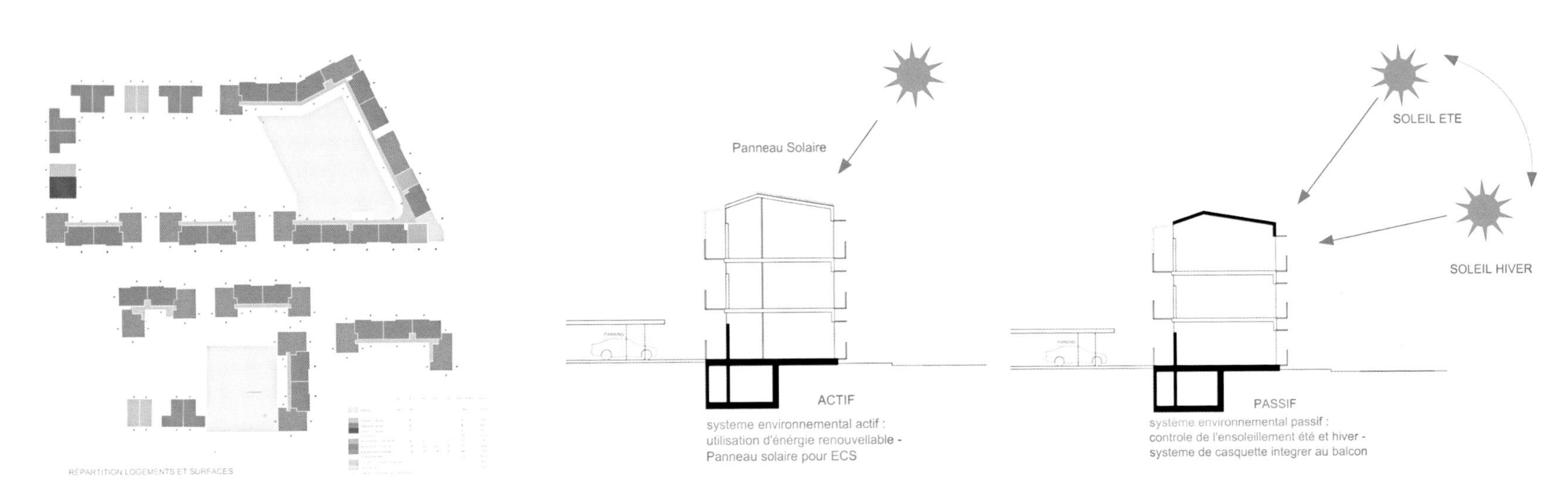
Panneau Solaire
ACTIF
systeme environnemental actif :
utilisation d'énergie renouvellable -
Panneau solaire pour ECS
SOLEIL ETE
SOLEIL HIVER
PASSIF
systeme environnemental passif :
controle de l'ensoleillement été et hiver -
systeme de casquette integrer au balcon

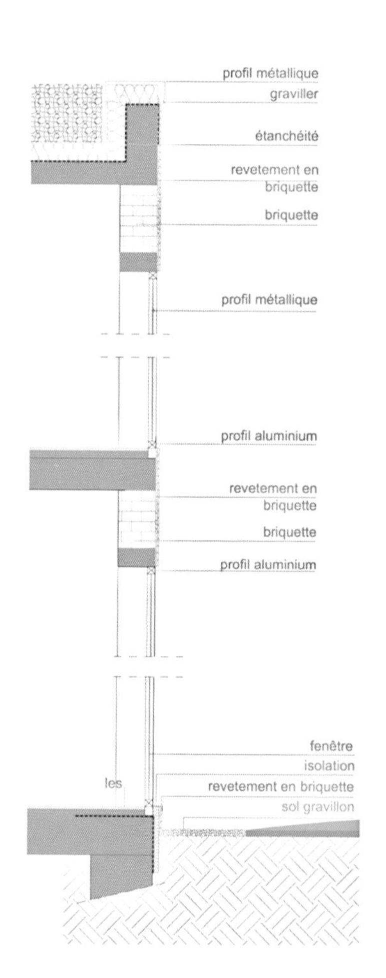

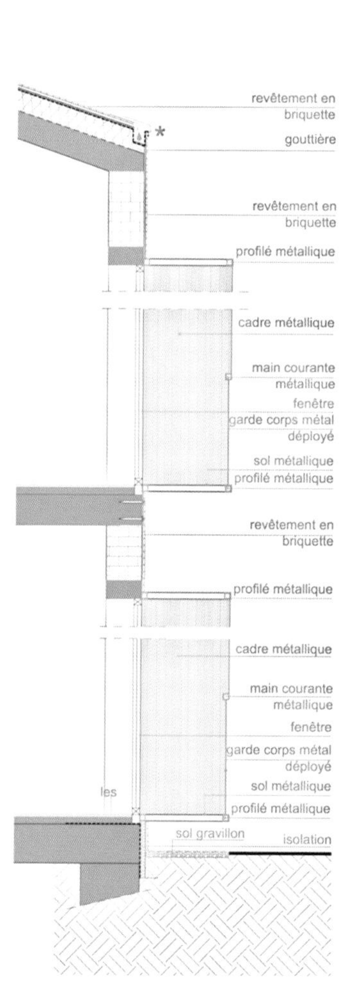

PLAN ÉTAGE APPARTEMENT 3 PIÈCES 1:200

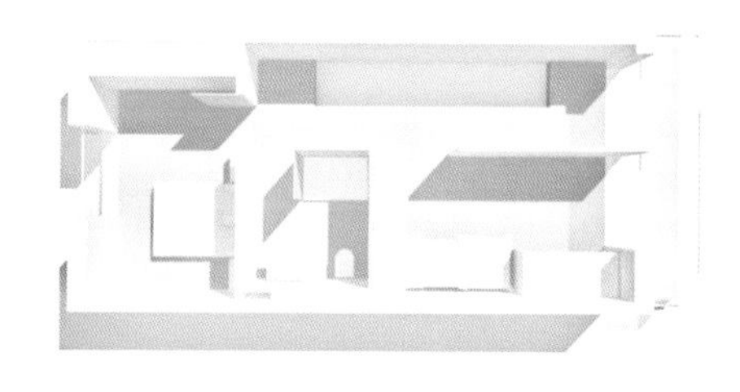

PLAN ÉTAGE APPARTEMENT 5 PIÈCES 1:20

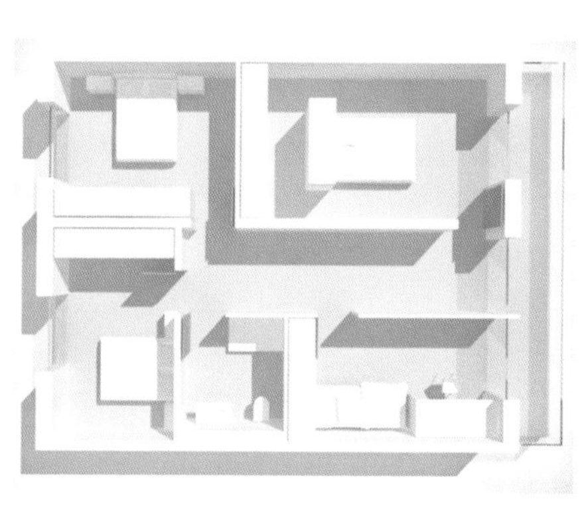

PLAN ÉTAGE APPARTEMENT 4 PIÈCES 1:200

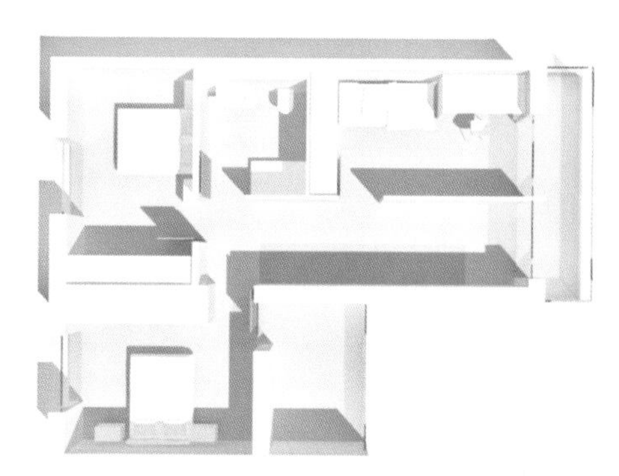

FAÇADE PRINCIPALE 1:200

PLAN RDC COMMUN 1:200

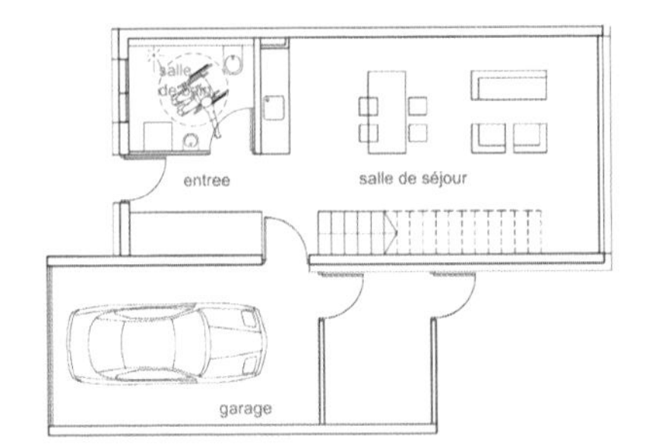

FAÇADE ARRIÈRE 1:200

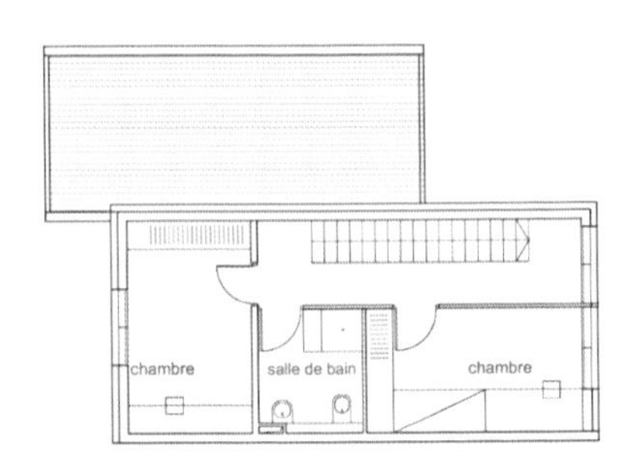

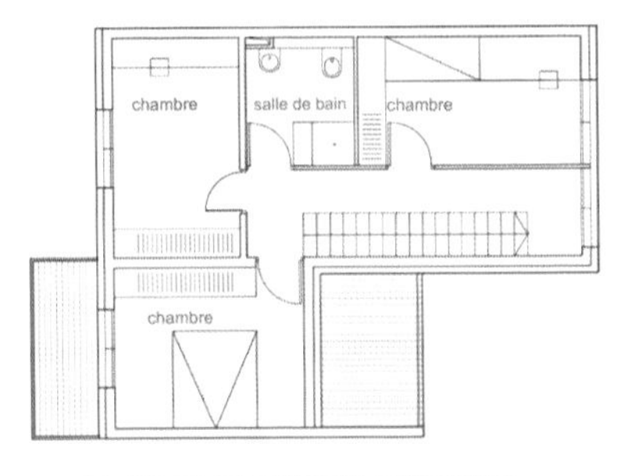

PLAN ÉTAGE APPARTEMENT 4 PIÈCES 1:200

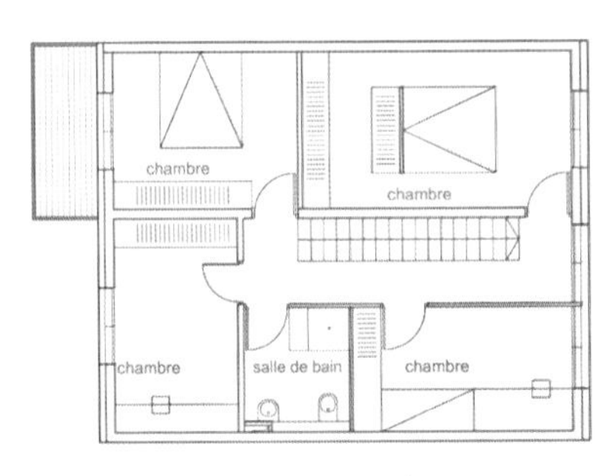

PLAN ÉTAGE APPARTEMENT 5 PIÈCES 1:20

三、建筑设计

项目通过重复的居住模块来实现不同的组合，使这些建筑物看起来变化多端、形式各异。套型方面的设计也符合设计原则，优化了建筑的亲近性。电梯和自动扶梯的安装会使这里更加舒适和便捷。然而，如果这样造成维修成本昂贵的话也有可能被撤掉。每栋建筑的居住模块都有三到四层，咖啡厅和其他各种公共场所设置在一楼，以加强对社区的归属感，并创建一个更大的社交空间。

四、环保设计

这种借鉴周边住房的屋顶设计利用可持续使用的太阳能自给自足，创造了一个现代化的居住环境。项目设计非常注重对太阳能的收集及储存利用，镶嵌玻璃立面也是根据储存能源的需要来设计的，还有一个位于公共空间的游泳池用来收集雨水。

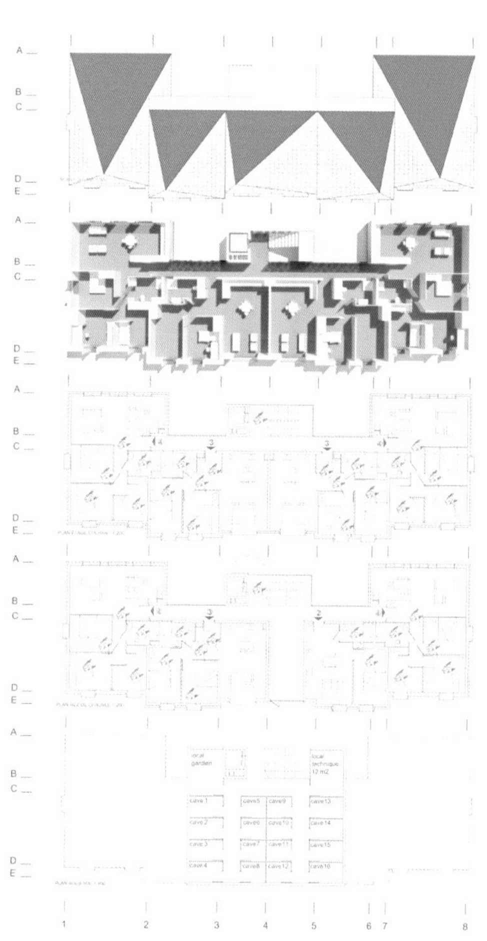

户外中庭式住宅，波兰

项目资料：
项目地址：波兰Ksiazenice　/占地面积：1440平方米　/可使用楼层面积：1800平方米　/建筑设计：robert konieczny
合作设计：marcin jojko

项目说明

这座小型建筑唯一设定的环境就是一片由森林围绕的草地，也因此产生了在这片绿草覆盖的基地之中“挖掘”出一块空间的想法，将草地往上移来作为建筑物的屋顶，而将建筑物所有涵盖的功能都放在草皮之下。

在设计要完成之前，业主提出了新的需求，希望能够增加一个小型录音室和一个音乐室，这些新增的需求由一个在建筑物内切开建筑物草皮屋顶并扭曲向下联结一楼的设计而实现。

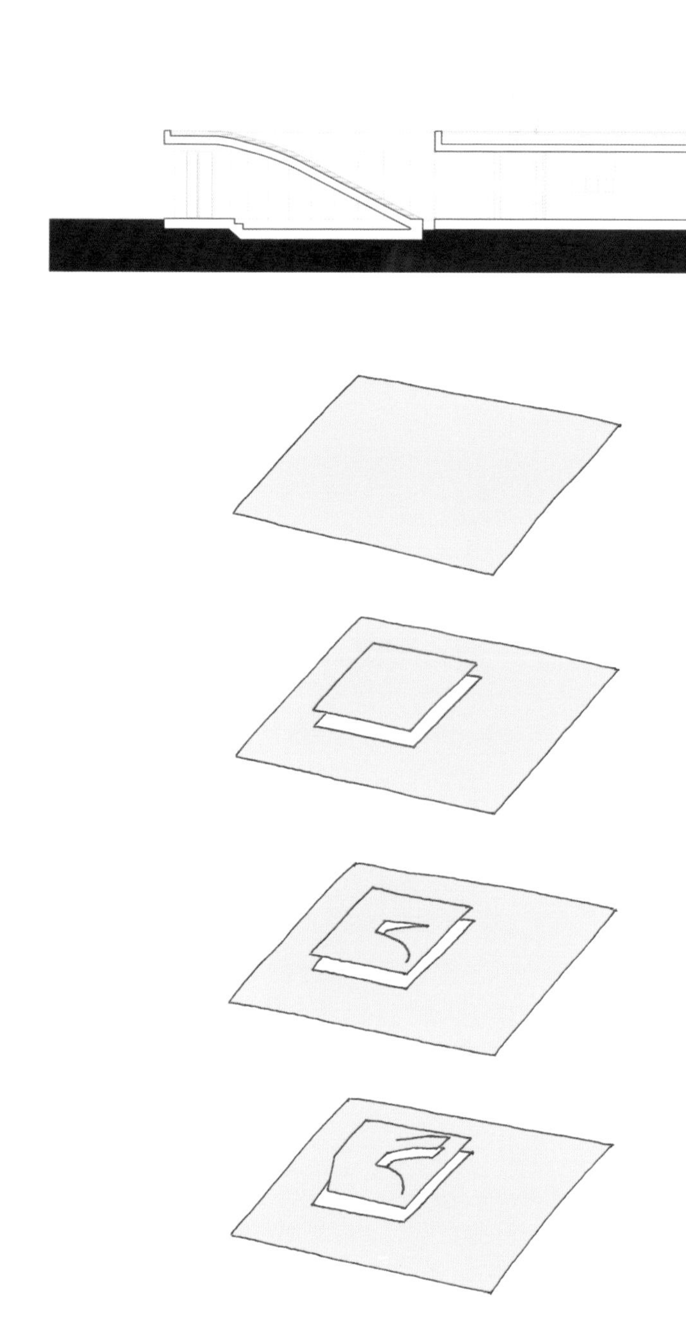

这个过程也将屋顶变成一个“天井”，因为到达这片草皮屋顶的唯一方法就是透过房屋的内部才能到达。相对于传统的天井而言，这种全新创造出来的空间保持了户外庭院所有的优点，同时却安全的位于建筑物内部。这种设计创造了全新的建筑形式，它的目标是创造一种能够颠覆传统中庭形式的“户外中庭(Outrial)”，这种户外中庭同时是建筑物的室内，也是建筑的室外。

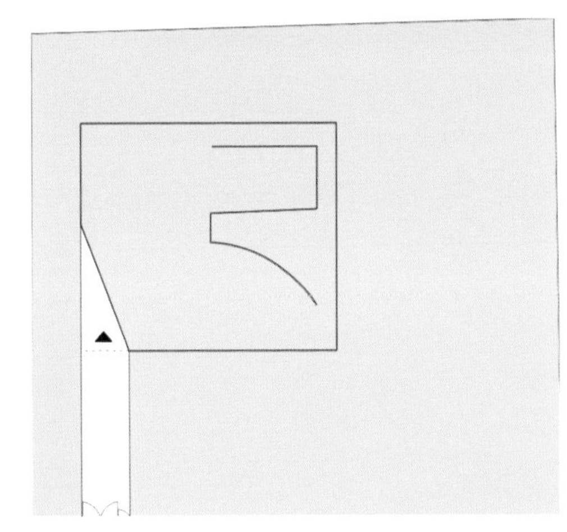

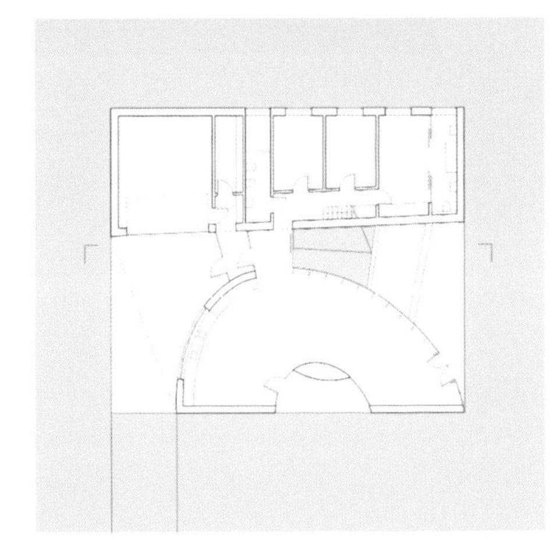

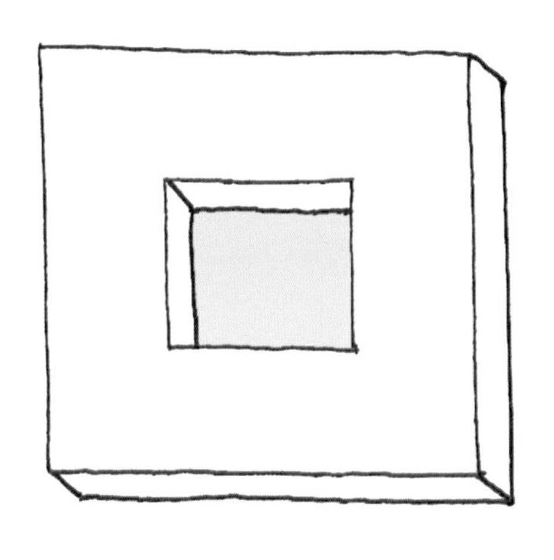

Atrial house

OUTrial house

海域阳光，中国海口

项目资料

项目地址：中国海南省海口市　/ 占地面积：79311.65平方米　/ 总建筑面积：341630.96平方米　/ 绿化率：45%

开发商：海南阳光美基投资开发有限公司

项目说明

一、项目区域

海域阳光位于海口市长流镇起步区，该区为以行政、商务为核心功能的综合区，以旅游度假产业为主导。项目毗邻海口市新市政府，距海口市中心约26千米，距海口市美兰机场35千米，北距粤海铁路客运站2.8千米。

二、项目概况

海域阳光占地面积约79 311.65平方米，总建筑面积约341630.96平方米，绿化率约45%。分四期开发，各期建筑立面特色鲜明，呼应CBD、会展、新区属性；9栋百米建筑加1栋超高层建筑打造海口西部第一地标建筑群。

项目户型以36~140平方米的1~3房为主，各期感受统一，整体层次丰富；一流海景，首创空中四合院，尊享挑高6米超大空中花园。一期网格状立面吸收欧美近年最经典的设计思想，是LV时尚设计构思在建筑上的首次体现。

三、建筑设计

1.建筑立面

设计从百年经典奢侈品牌LV流行格子中获得了灵感，将建筑身份跨界创想，呈现高端符号化的建筑立面，建筑以天生的尊贵感屹立于世界的舞台，成为世界看到的第一眼，担纲一座城市的自信，匹配滨海CBD门户地标。

2.建筑形态

海域阳光独具匠心，在高层建筑中创造性地沿袭“四合院”的布局形态，贴近国人居住传统，四代同堂或聚合亲朋好友，在享受度假的同时也享受天伦之乐。

3.户型设计

36~140平方米的一线御海大宅100%均可观海，别墅平面化的空间设计理念，尺度无与伦比的前庭、后院、露台，户户均可享受超大赠送面积。立于露台之上，国际会展中心与宽广海景尽收眼底，身前山海如画，身后繁华无疆。

四、园林设计

设计引入公园式规划理念，利用弧线和曲线空间的结合，营造出一种富于韵律感，自然、生态、立体而又精致的园林景观，利用不同景观要素的穿插和演变，创造出步移景换的丰富视觉效果。为让更多的家庭拥有无边海景，设计形成从社区内部到大海的景观通廊，让珍稀海景，最大化得被居民享有。

五、配套设施

项目配套完善，喜来登酒店、新国宾馆、香格里拉酒店、万豪酒店、天利会展酒店环伺左右，以及由周边地产项目配套的同类酒店，初步统计总量在12家左右。另外2015年底前将建成一座具有国际水准的超豪华七星级酒店，以及配备的大型国际游艇码头和会所。附近有西海岸高尔夫球场和五月花高尔夫球场。另外还有海口贵族游艇会。

时代·依云小镇，中国佛山

项目资料

项目地址：中国广东省佛山市 / 占地面积：103903平方米 / 总建筑面积：90748平方米 / 开发商：广州市时代地产集团有限公司

设计单位：广州瀚华建筑设计有限公司

项目说明

一、项目概况

时代·依云小镇项目位于佛山市南海区狮山镇软件科技园大学城内，占地103903平方米，容积率仅0.79。项目片区交通路网相当发达，自然资源丰富，依两山、傍三湖；区内人文气息浓厚，有亲水会所、私家山体公园、山顶无边际泳池，配套可谓国际顶级，花香、书香、水清、林秀，再配以“时代”擅长塑造的人文艺术环境，每一天的生活都有如风花雪月般的梦幻传说。项目将欧洲最负盛名的极简主义别墅产品以创新手法移植入狮山，融合人文、生态、健康、时尚四大元素，打造252户山水生态别墅区。

二、总体设计

在住区内部，设计师利用自然地形将场地分为多个台地，顺地势规划布局，令建筑群与自然环境和谐相融。分散布局形成开放式的居住空间，使尽量多的户型获得最好的朝向和视野。中心花园成为小区周边山水景观的自然延伸。区内道路结合园林绿化灵活布置，达到“景随步移”的效果。

三、建筑设计

A型联排别墅吸收东方建筑文化精粹，设有前庭后院；客厅、饭厅及卧室全部围绕泳池布局，而泳池采用无极泳池处理，使湖景与之浑然一体。B、C型叠加别墅为每一用户设置空中花园，承继我国传统四合院设计理念，户内所有功能布局均以中心户内花园为中心布置，户内二层主卧室外设置超大露台，与中心花园相互呼应。

建筑外墙采用澳洲砂岩和炭化木等天然材料，尊贵感与环保概念完美结合，亦与“山体、自然”这一设计主题形成对话。

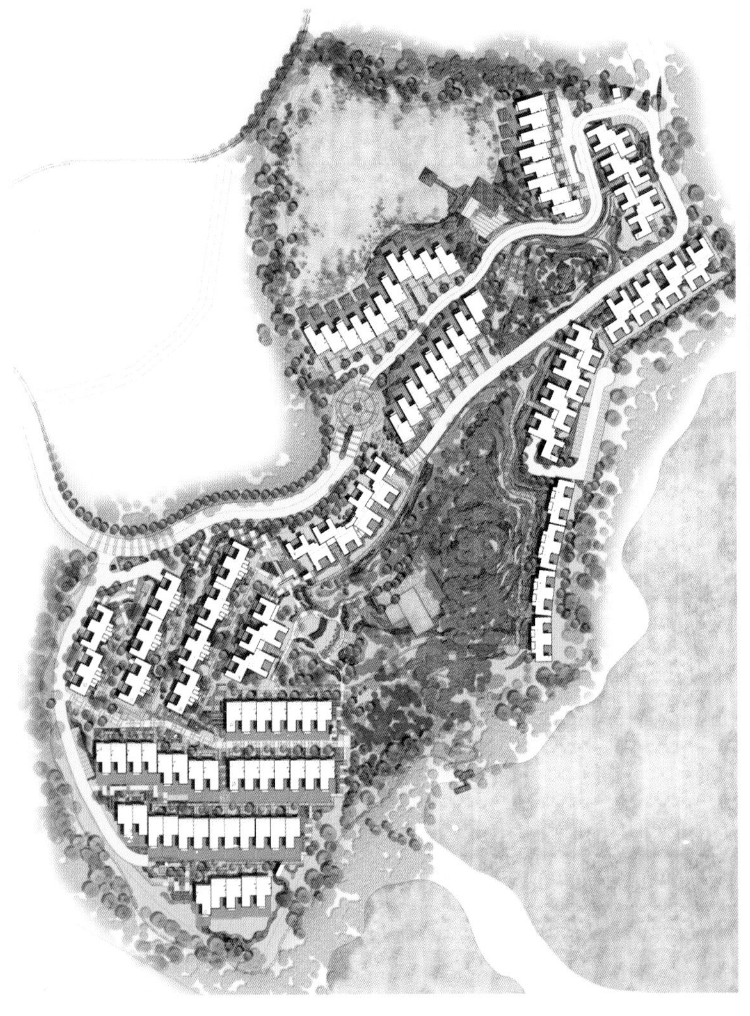

狮山景观鸟瞰图

狮山型

主入口

四、环境设计

在时代·依云小镇，252席纯山地别墅依山而建，随山体高低起伏，无论从哪个角度，都体现建筑与山体的和谐韵律。这里保留了最原始的生态坡地地貌，承继三个湖两座山的灵动，与周围的生命一同生长，让四溢的花香、清脆的鸟鸣、葱郁的绿意向外蔓延，将您浸染。湖岸亲水平台、湖畔小码头、随处游荡的小船都透露着清幽的闲适，让水不止于景观，而是可亲可近的生活场景。移步游艇码头，感受在30000平方米原生湖泊中驾艇遨游的闲趣和湖心无与伦比的宁静；又或者穿越古色古香的山坡栈道，体验海拔66米的山顶无边际泳池，在激荡之间收纳山脚的湖光潋滟。

明园揽翠苑，中国上海

项目资料

项目地址：中国上海市　/设计单位：上海中房建筑设计有限公司

项目说明

明园揽翠苑位于上海市闸北区，基地西临共和新路、东临平型关路。基地选址位于原上海电气集团造纸机械有限公司厂址，厂区用地上有一横两纵的3条绿化林荫大道，这些林荫大道由树龄为10~50年不等的香樟树、广玉兰、雪松、法国梧桐等珍贵树种组成，厂区环境树木参天、郁郁葱葱、生机盎然，绿化、树木极具保留价值。

一、建筑布局设计

空中叠加内院住宅布置在保留的林荫大道的北端，与南边的多联内院住宅及退台联体低层住宅遥相呼应。会所结合保留厂房，布置在基地的东北角。

二、交通组织设计

小区主干道即为原先保留的一横两纵林荫大道，小区次干道结合原有道路骨架及规划建筑形式呈环状或尽端式布局。会所因对外营业，结合消防道路形成独立环路。

三、绿化景观设计

绿化景观规划坚持保留为主、移植为辅的原则。通俗地讲就是在旧建筑原址上造建筑，原有树木就地保留及营造景观，最大限度保留及打造生态小区。

四、单体建筑设计

多联内院住宅以四户为一单元。单元平面上南北分设公共停车位及公共入口玄关花园。该公共玄关花园设独立自动对讲门、抄表箱、信报箱等公共设施。单体平面户型强调入口玄关通关，屋顶花园，及公共空间与私密空间的分区，单体立面材质强调天然木材与石材的对比。

联体通台住宅每户均有前后两个花园。该住宅布置在厂房原址上，总进深刚好等于原厂房进深，土地利用充分。一层起居室、会客厅、餐厅等主要空间都围绕花园组织，从而最大化地利用景观资源。

空中叠加内院住宅建筑形体以前后错动的体块给人强烈的视觉印象，并由其体块关系使每户都获得前后两个庭院，造型与空间关系简洁明快，建筑语言的逻辑性强。

五、大跨度厂房

小区会所原为一保留厂房的扩改建工程、会所辅楼为原保留大跨度厂房，内设休闲、体育运动设施，新建主楼为10层多功能会所。原厂房建筑立面风格基本保留，红砖勾缝，门窗换新，延续原址建筑文脉。

赐福路公寓，新加坡

项目资料		
项目地址：新加坡赐福路18号	/ 占地面积：2 750平方米	/ 总建筑面积：3 845平方米
/ 建筑设计：Forum Architects Pte. Ltd.	/ 项目负责人：Tan Kok Hiang	/ 设计负责人：Tan Kok Hiang
/ 设计/项目团队：Shaun Phua, Thitinart, Juperi	/ 结构工程：Ronnie & Koh Consultants Pte. Ltd.	
/ 机电工程：Lincolne Scott Ng Pte. Ltd.	/ 数据测量：Rider Hunt Levett & Bailey	
/ 项目管理：Construction Professionals Pte. Ltd.	/ 承建商：Khian Heng Construction Pte. Ltd.	/ 摄影：Albert Lim

项目说明

一、与地形相呼应

项目位于城市边缘一个主要的住宅区。这个地方地势突然下降成低于路面四层楼高的平坦区。这一方面带来了建筑困难，而另一方面也打造了离城市只有五分钟路程的独特住宅区。

二、热带气候

两个方形街区都是南北朝向，将热带气候所具有的太阳热量降至最低，同时它们带有由5个住宅单元和4个阁楼围合而成的下沉私家庭院。这个庭院有一个长宽各21.5米的游泳池。

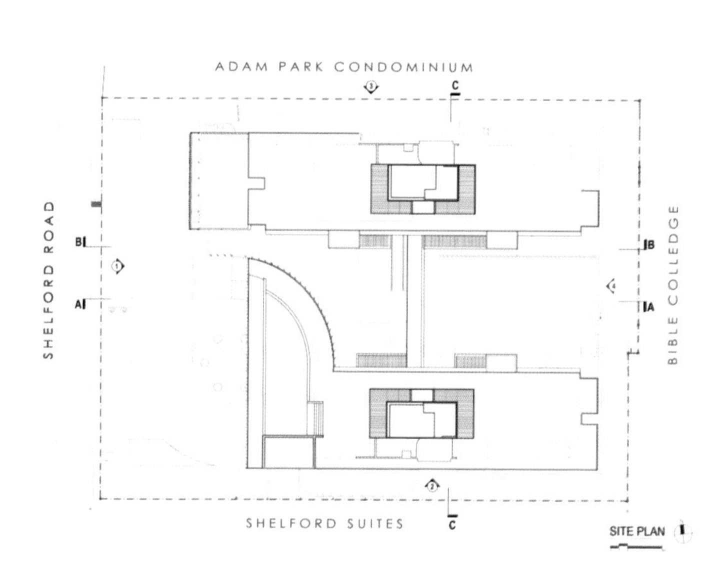
ADAM PARK CONDOMINIUM
SHELFORD ROAD
BIBLE COLLEDGE
SHELFORD SUITES
SITE PLAN

三、隔离与隐居

一座朝向道路而设的城市屏风墙为居民区带来了隔离与归隐的舒适感。这两个街区通过15.7米长的桥梁相连，这座桥梁也是通往居民私人空间的另一道门槛。

四、环保社区

居民和游客通过宽阔的门廊“行走过水面”进入他们的房子。水的流动映射在天花板上，就好像水池映射着自然光一般，俨然一个光影重叠的蒙太奇。

居民开车时就通过斜道进入路面以下五层高度的地下层，这个斜道因其外部竹林所围绕的游泳池上的天窗而显得光亮。

全高度的玻璃立面沉稳地设置在南北方向上，尽量避开阳光直射，装饰了客厅空间，引入自然光，同时也为客厅带来了畅通无阻的视野。玻璃门可以拉开3.6米宽的过道，这样使得住宅单元可以自然通风，并将客厅和餐厅区转化成半开放的空间，特别是在游泳池那个楼层的单元。

顶楼单元有屋顶露台和游泳池，充分利用了绿地所带来的愉悦感。

五、屏风

主浴室及西向立面有经过特别设计的三角屏风。每一个三角屏风都因光影而色彩缤纷，但同时也因各个屏风的旋转角度不同而打造出不同的私密空间。

Sonnenhof，德国耶拿

项目资料
项目地址：德国耶拿市　/总建筑面积：10000平方米　/开发商：Wohnungsgenossenschaft"Carl Zeiss"eG, Jena
建筑设计：J. Mayer H. Architects, Berlin
项目团队：Juergen Mayer H., Jan-Christoph Stockebrand, Christoph Emenlauer, Jens Seiffert, Max Reinhardt, Christian Pälmke

项目说明

Sonnenhof是一座位于德国耶拿市（Jena）历史文化中心地带的一座办公和住宅楼。项目有4座新楼，占据了地块一半的面积，并留有大块的公共空间，白天开放给公众使用，并建立了步行交通的自由流动路径。在位于地块边角的位置，建造了一个小型的城市庭院。

整个基地形成一个小规模的类似中世纪城市的典型结构的市镇广场。每座建筑之间的通道相互连接，并与公共区域相连，成为城市网络中的一个重要节点。立面采用多边形几何形状，构成了三维的视觉效果，形成一组雕塑般的楔形外观。此外，花床、通风口、坐席区、照明设备等将开放区域变成具有吸引力的城市休闲空间。

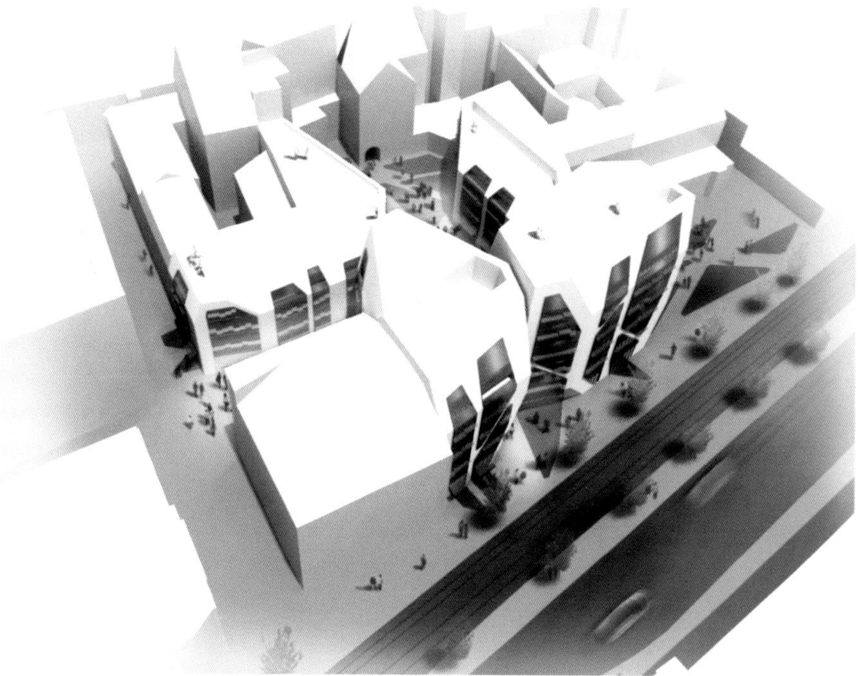

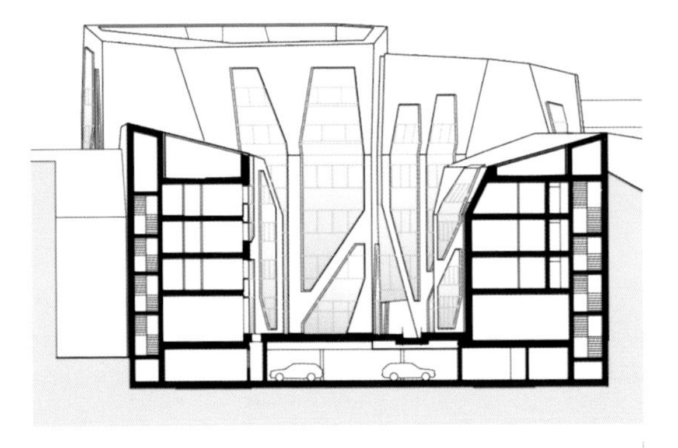

Scale 1 : 500

Section AA

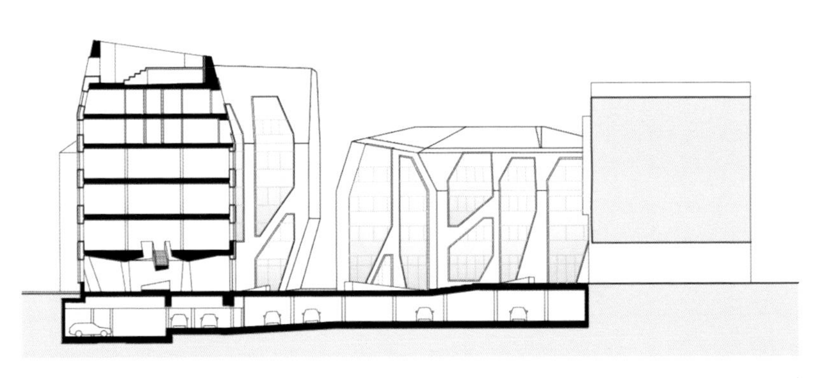

Scale 1 : 500

Section BB

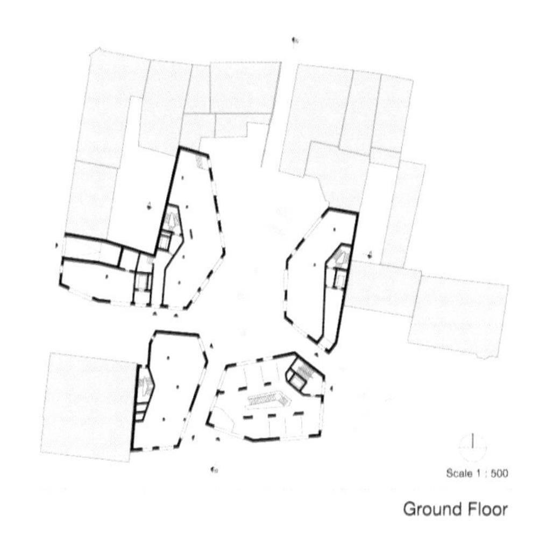
Scale 1 : 500
Ground Floor

Scale 1 : 500
1st Floor

水云涧，中国黄山

项目资料

项目地址：中国安徽省黄山市　/设计单位：上海中房建筑设计有限公司

项目说明

黄山水云涧项目规划设计的定位是创造一个“黄山脚下的现代村落”。项目设计充分考虑了建筑尺度和地貌特征的关系，严格控制建筑体量，使在这个地区的开发建设不使当地山体的面貌发生太大的改变，从而影响整个东部黄山度假区的景观品质。

为了要营造“现代村落”，项目突破了传统别墅住区的规划方法，提高建筑密度，将若干户住宅捏合在一起成为一组，对组和组之间的公共空间着重进行设计，营造出巷、场、坡、院等丰富的公共空间形态，使170户住户自然、有机地形成了一个生气勃勃的小村落，依偎在黄山脚下。

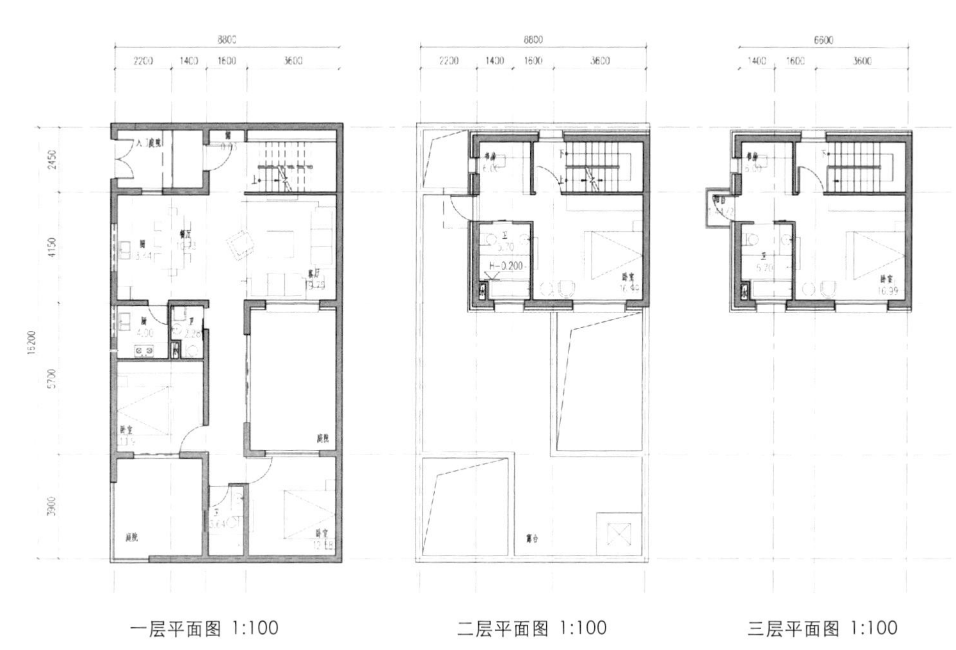

一层平面图 1:100　　二层平面图 1:100　　三层平面图 1:100

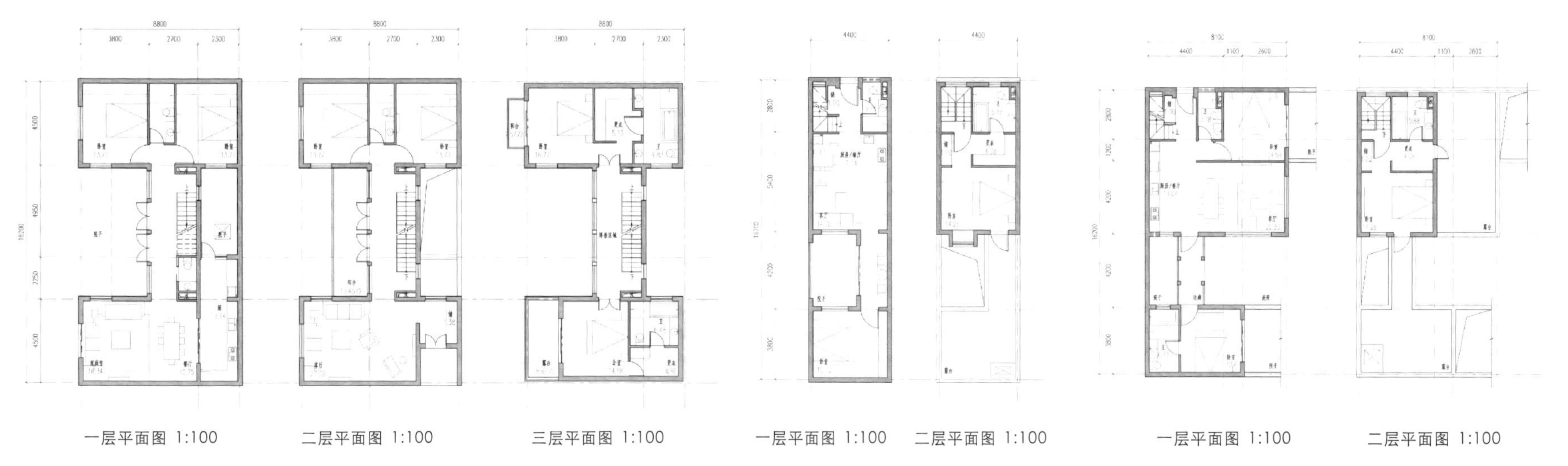

一层平面图 1:100　二层平面图 1:100　三层平面图 1:100　一层平面图 1:100　二层平面图 1:100　一层平面图 1:100　二层平面图 1:100

地下层层平面图 1:100

一层平面图 1:100

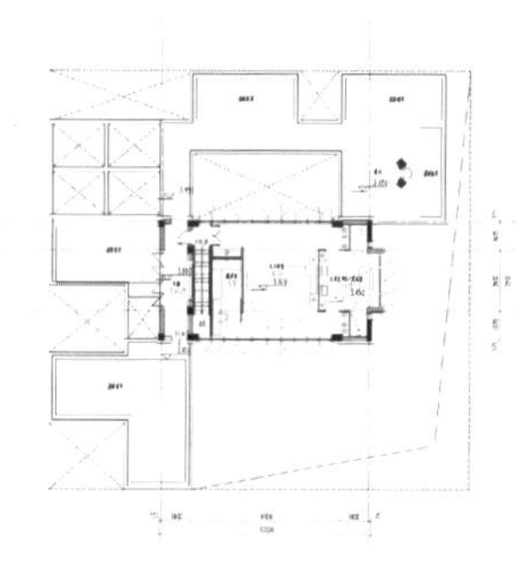
二层平面图 1:100

建筑采用了现代简约的造型语汇，结合富有地方特色的毛石、质感涂料、木头等建筑材料，努力塑造出一种符合黄山气质、极富现代感的村落住宅形象。

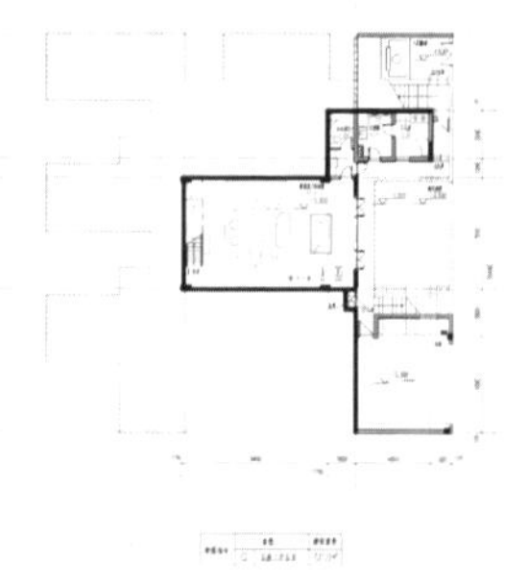
地下层层平面图 1:100

一层平面图 1:100

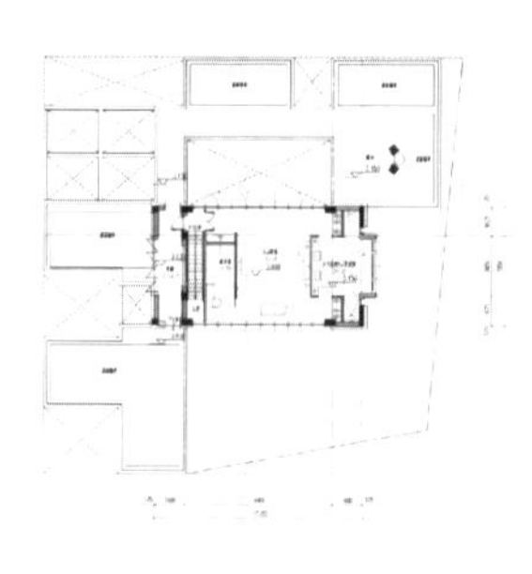
二层平面图 1:100

旺山独栋别墅，中国苏州

项目资料

项目地址：中国江苏省苏州市　/ 占地面积：2 411平方米　/ 总建筑面积：1 595平方米　/ 设计单位：上海秉仁建筑师事务所

项目说明

本次设计的基地作为苏州古城的“野”，具有得天独厚的自然环境，另一方面又被城市扩张的进程所关联，成为“市”的一部分。在这里设计住宅既要塑造理想的隐居场所，又要兼顾城市的便捷和高品质生活，具有“市”与“野”的双重挑战。

居于市——在城市中的宅第中，以封闭的院墙围合，建筑排列紧密。院、廊、厅、堂在小天地中别有趣味。居于野——在野外的传统田园生活中，可以采取自由、零散的建筑布局，以求充分地与自然环境融合互动。

采云

设计中将住宅的各种较为公共、开放空间组织在较为内敛的一层园林中，而将卧室等安静的空间在竖向上与这个体系并置，成为毫无界限的田园居所。东方和西方的居住智慧在这里得到整合。

圆形住宅，丹麦哥本哈根

项目资料

项目地址：丹麦哥本哈根市Strandpromenaden　/ 占地面积：8000平方米　/ 开发商：Falk-Rønne & Kirkegaard A/S, Freja A/S

建筑设计：C. F. Møller Architects　/ 景观设计：C. F. Møller Architects

项目说明

项目由8栋可以领略到the Oesund美景的多层圆形大楼组成，其中六栋是住宅区，独立成排；剩下的那两栋作为办公楼和咖啡厅而连在一起。

一、面临的挑战

该地区以前是一块杂草丛生、声名狼藉的土地，那里非常隐秘和封闭，周围都是篱笆和栅栏，并被高耸、刻板的建筑物所包围。

该地区最大的开发潜力在于它靠近大海和那儿的特殊光线。该地区东边临水，而最美的日景来自西边，所以解决方案是必须尽可能地扩大两边的透明度。

二、解决方案

高约三层半到四层半的建筑物相互交错，八栋楼都是如此。这种相互交错的环形位置提供了欣赏海景的最好视角，同时改善了毗邻的楼房之间的视野。该设计既诠释了这个地区的优良传统，同时也独特新颖。

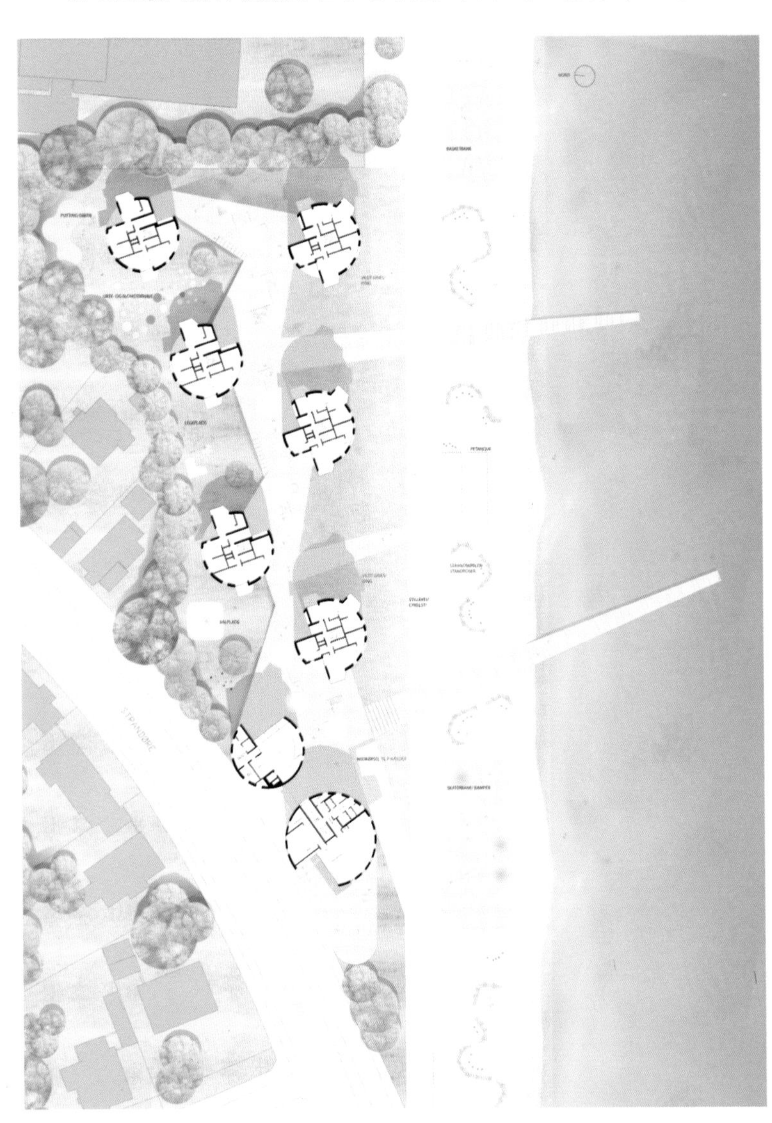

六栋住宅楼型相同。虽然它们的外观都是简洁连贯的圆形，但在长方形基础上进行设计的内部构造不同。外墙反衬着屋内的摆设，这就在室内营造了一种舒适的氛围。通过对顶部和底部进行巧妙的切割，在屋顶可以看到多种多样的圆形景观。

沿着外墙走，可以看到以大海为主体的景观。所有的套房都有至少一个朝南或向西的阳台。一个稍微凸起的环形平台明确界定了要开发的半公开区域，如出入口、公共活动室、客房和出租小房等。人们可以把宽敞的楼梯间当做休息凳。

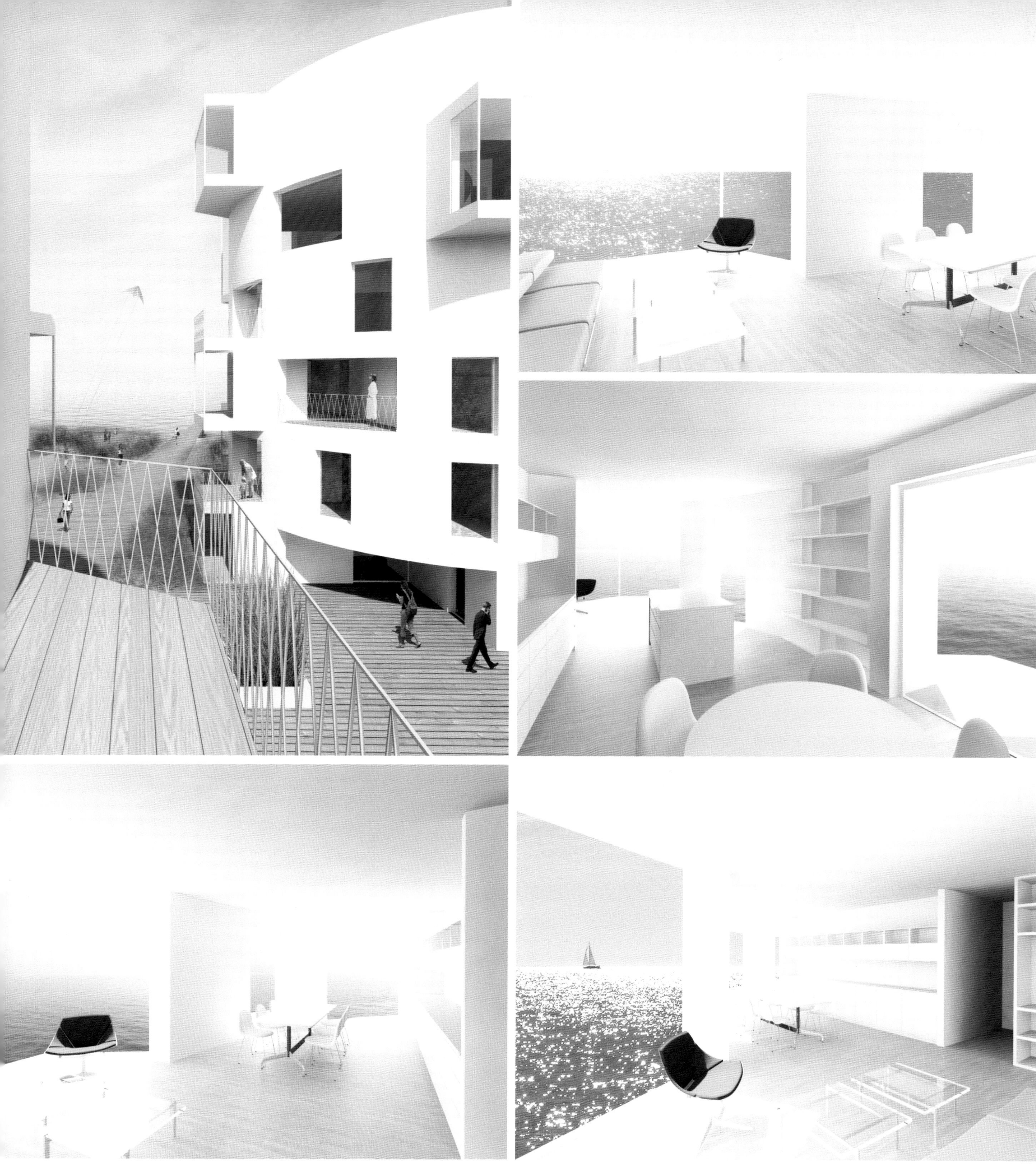

购物中心屋顶的酒店式公寓，斯洛文尼亚比斯特里察

项目资料

项目地址：斯洛文尼亚比斯特里察博希尼 / 建筑面积：7500平方米 / 开发商：Gradis G Group d.d., Mercator d.d.

项目负责：Rok Oman, Spela Videcnik / 设计单位：OFIS arhitekti / 设计团队：Martina Lipicer, Andrej Gregoric, Meta Fortuna

购物中心项目领导：Jelka Solmajer (Mercator Optima) / 摄影师：Tomaz Gregoric

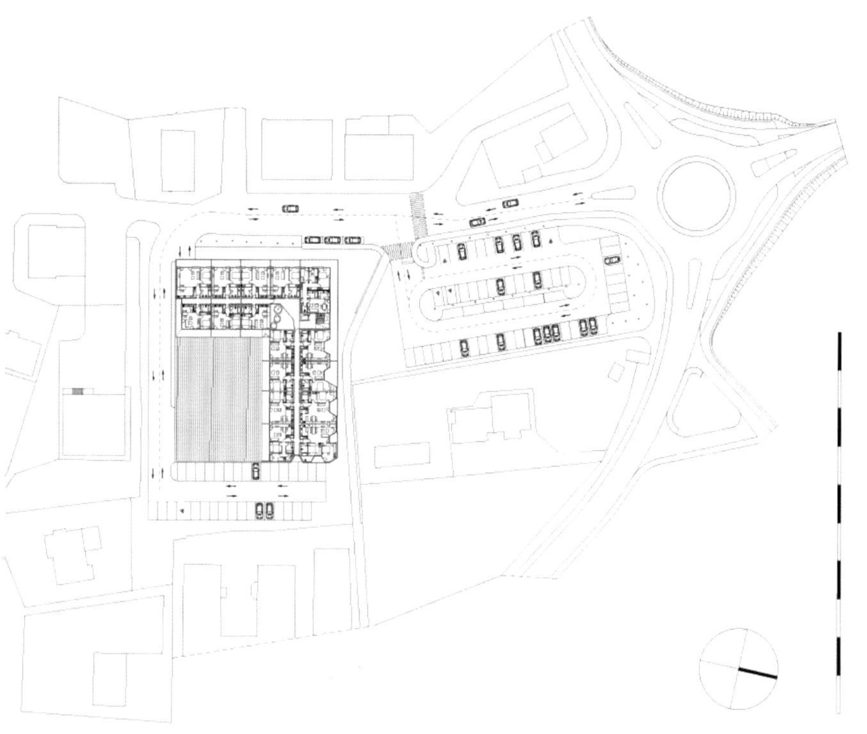

项目说明

客户最初要求的是在现有的地块上面建立一个新的购物中心。后来，对这个新购物中心的屋顶的使用成为了另一个额外的新项目酒店式公寓。

这座木建筑坐落于阿尔卑斯地区博希尼湖的Bohinjska Bistrica村庄中央。这里能看到风景秀丽的阿尔卑斯山脉。但不幸的是，村庄周边于20世纪60年代建起了纺织工厂和大量的住宅楼，优美的建筑环境遭到了破坏。后来，纺织工厂关闭，被改造成的旧的购物中心也就是如今要重建的项目。因此，项目周围的风景不是很好。

住房的结构和区域向着山景和太阳开放。前方的木立面大多是透明全景窗户。侧立面则是封闭的窗户，并且都朝向凹进楼体的内阳台。从侧面窗户同样可以看到山景。建筑阶梯式的楼体响应了周围景观的轮廓。购物中心顶部的酒店式公寓呈L形。由于西面可能有强风和大雪，因此立面只是向封闭阳台开放，由灰色板岩打造而成，并被设计成一个垂直的屋顶。

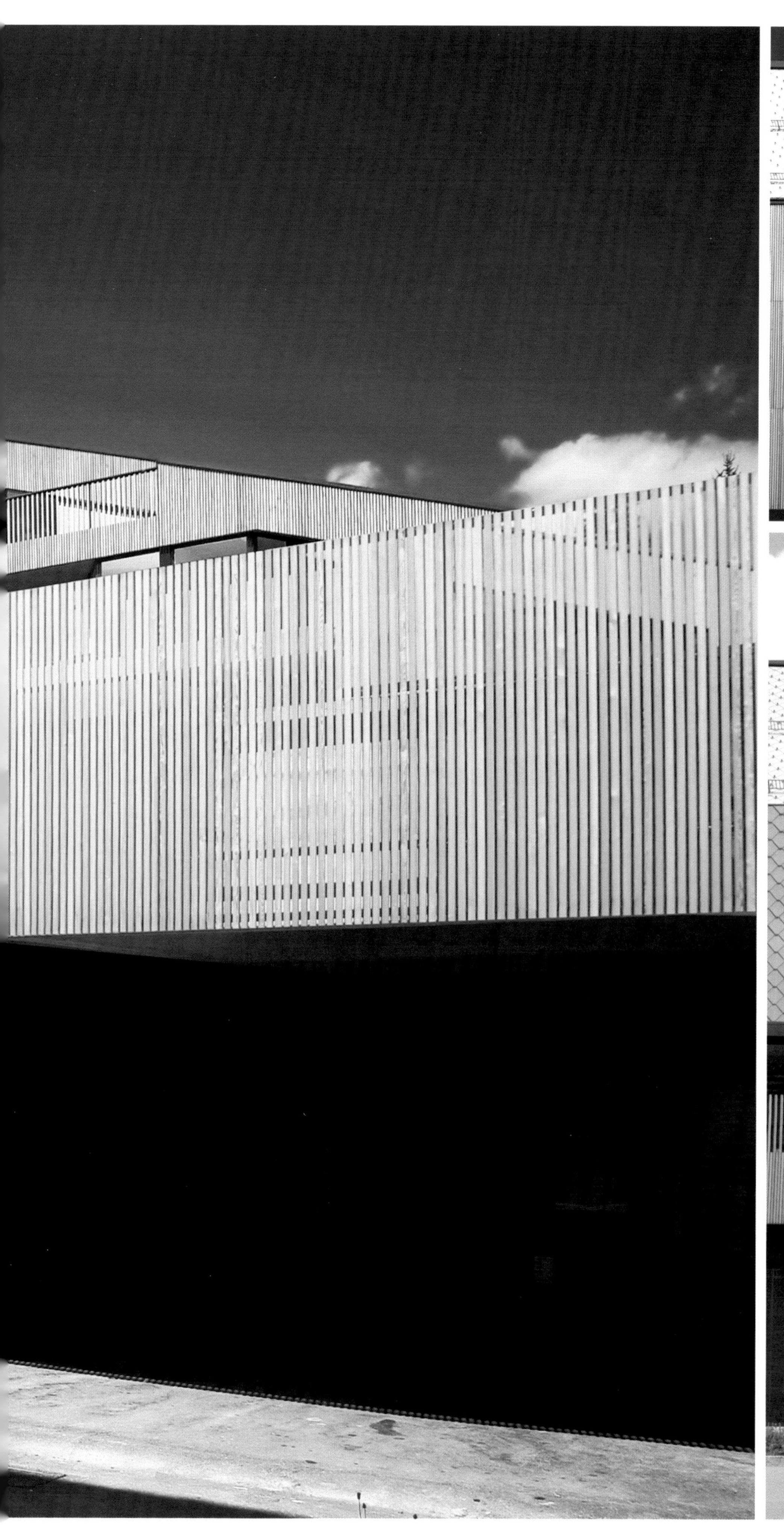

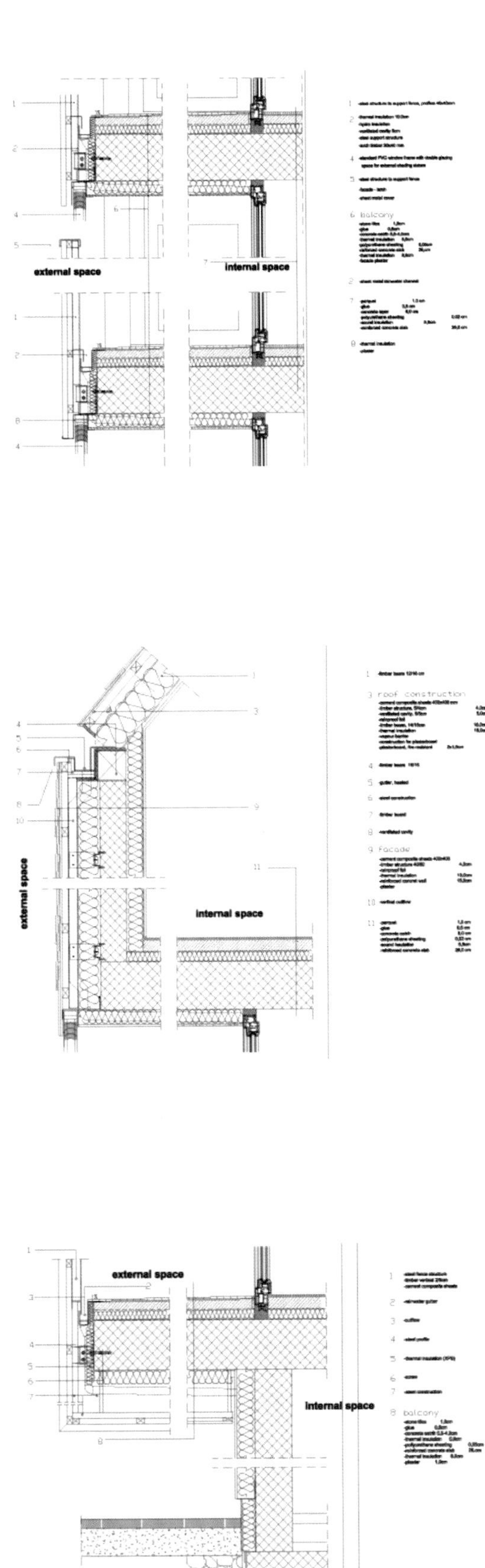

external space
internal space
balcony
external space
internal space
roof construction
facade
external space
internal space
balcony

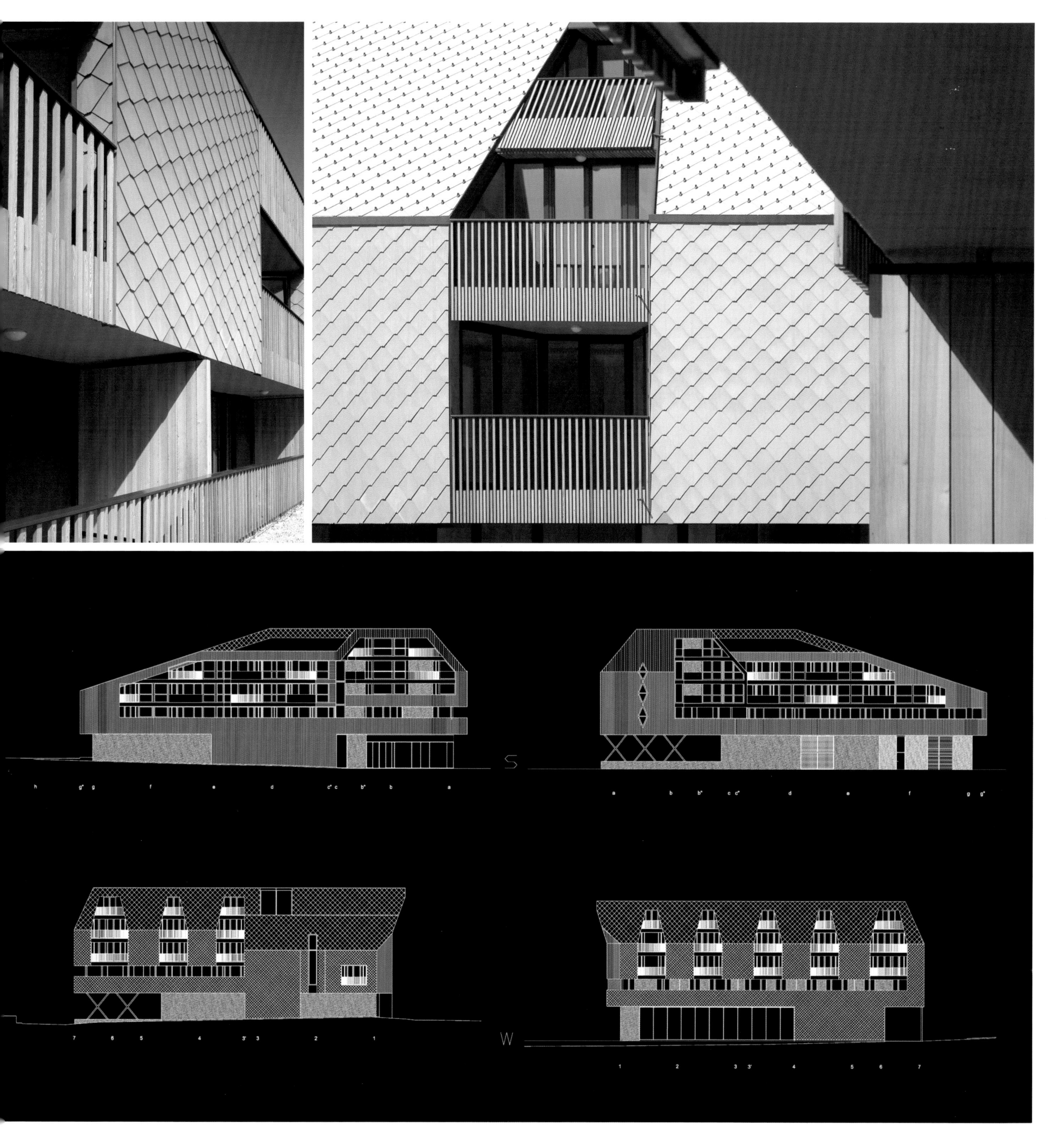
S
W

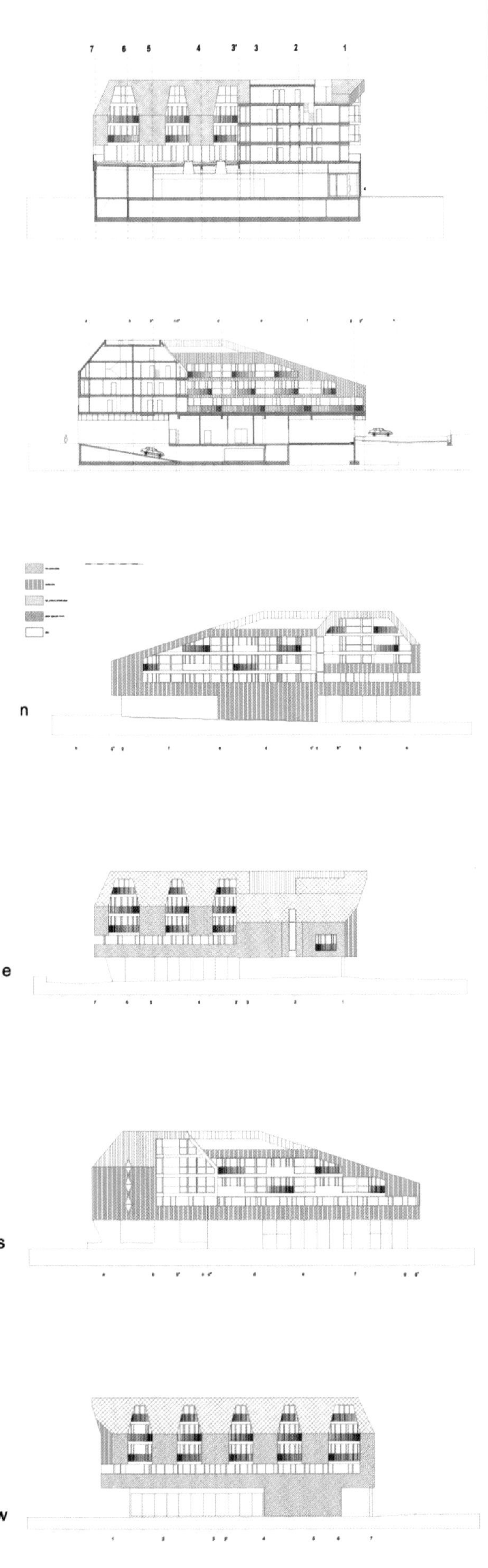
7
6
5
4
3'
3
2
1
n
e
s
w

Mercator

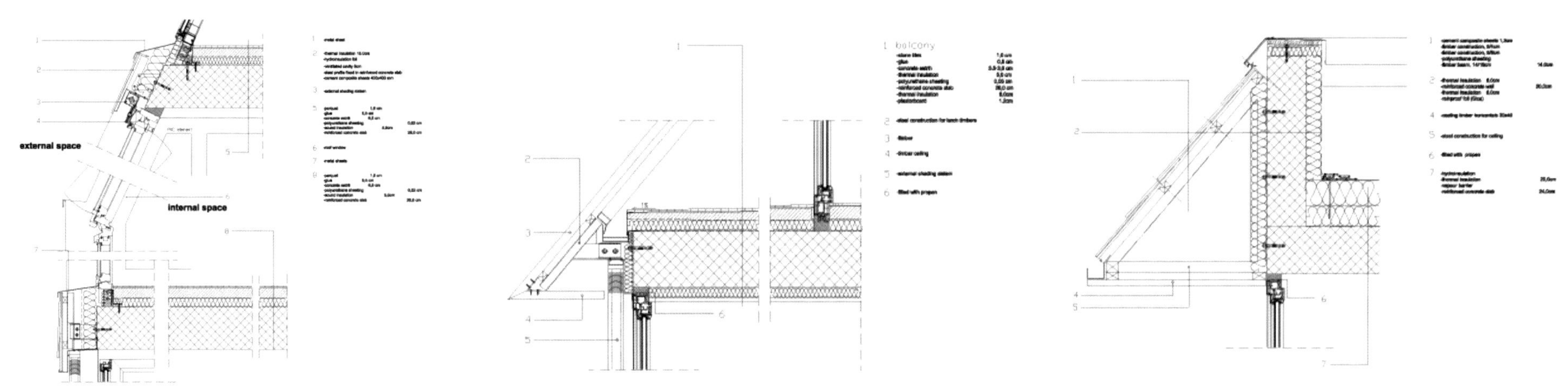
external space
internal space
balcony

L形楼体包围了一个位于购物中心顶部的室内公共花园。楼体正面和庭院的立面是由节奏不同的垂直木材料构成的。同时，使用本地落叶松和对角线图案的石板。这些都是这个地区建造屋顶和外墙时使用的传统材料。由垂直木材建成的阳台隔栏和外墙面板形成了充满花样的图案，成为建筑南面和北面的特色。在东部和西部，高亢的菱形网纹屋顶内插入垂直的表面，保护公寓不受风雪的侵袭。

购物中心的立面是由钢铁和玻璃面板结合而成的。酒店式公寓的大小各不相同。楼层的平面规划是灵活的，因为只有建筑物的结构墙用于创建每间公寓的外壳。所有其他的内壁都是非结构性的，给予了空间更大的灵活性。屋顶是由向下倾斜的平屋顶相结合而成的。这样做的目的是隐藏如烟囱、通风和外部空调等功能设施。

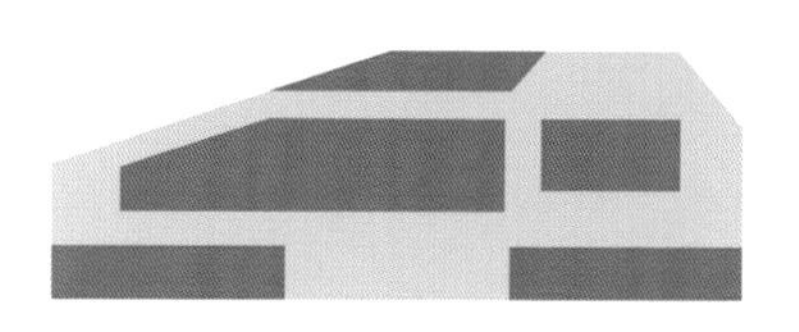

HYBRID

APARTMENTS

+

SHOPPING

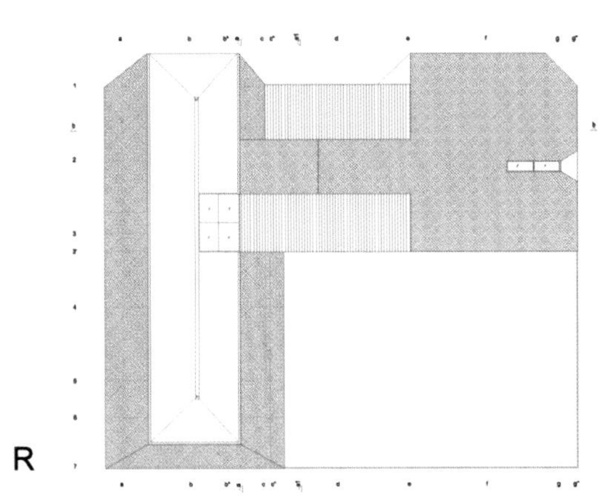
R

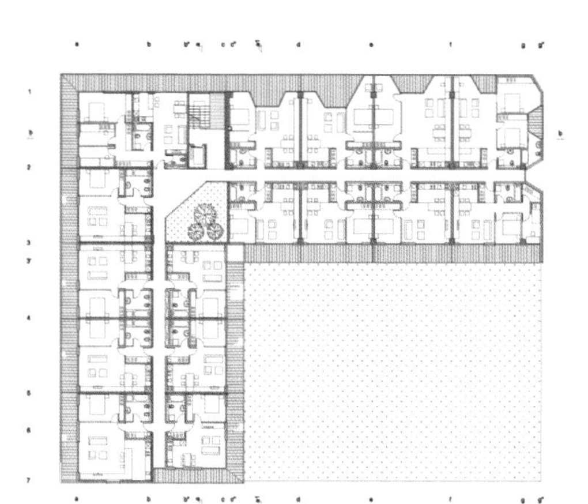

1

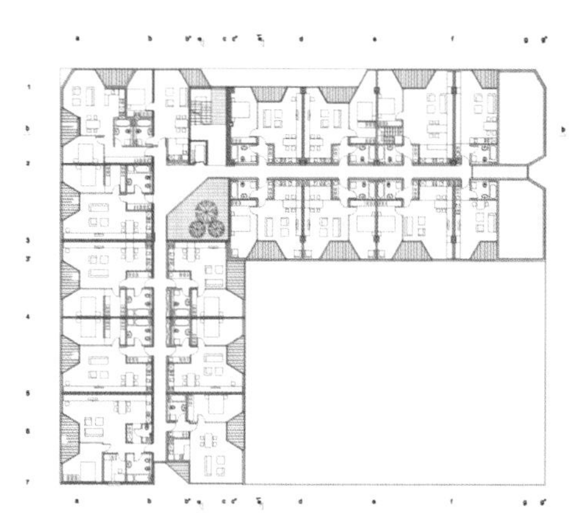

2

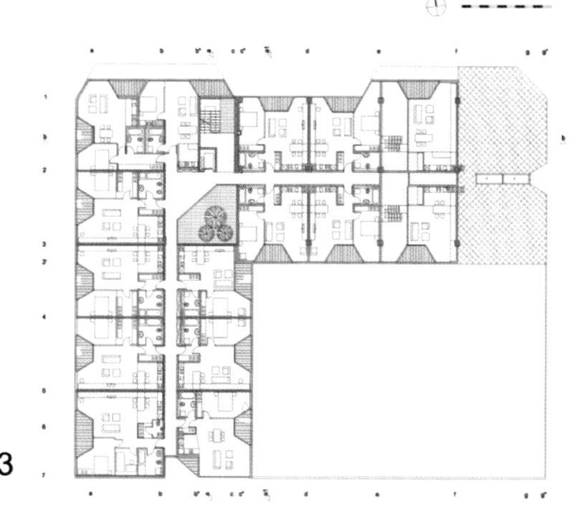

3

花边公寓，斯洛文尼亚新戈里察

项目资料
项目地址：斯洛文尼亚新戈里察市　/建筑面积：1200平方米/层（包括10250平方米的停车场）　/开发商：KraskZidar d.d.
设计单位：OFIS arhitekti　/建筑师：Rok Oman, Spela Videcnik,
项目团队：Rok Oman, Spela Videcnik, Nejc Batistic, Martina Lipicer, Andrej Gregoric, Katja Aljaz　/摄影：Tomaz Gregoric

项目说明

该公寓位于新戈里察具有32000人口的中心，新戈里察坐落在斯洛文尼亚的西部，与意大利的边界毗邻。新戈里察海拔92米，气候条件非常独特——夏天酷暑难耐，冬天狂风怒号，并以此著称于斯洛文尼亚。这里的气候、植被和生活方式都具有典型的地中海特色，外部环境对该地有极其重要的影响。因此，客户的要求是设计出花样翻新、种类繁多的建筑外形。

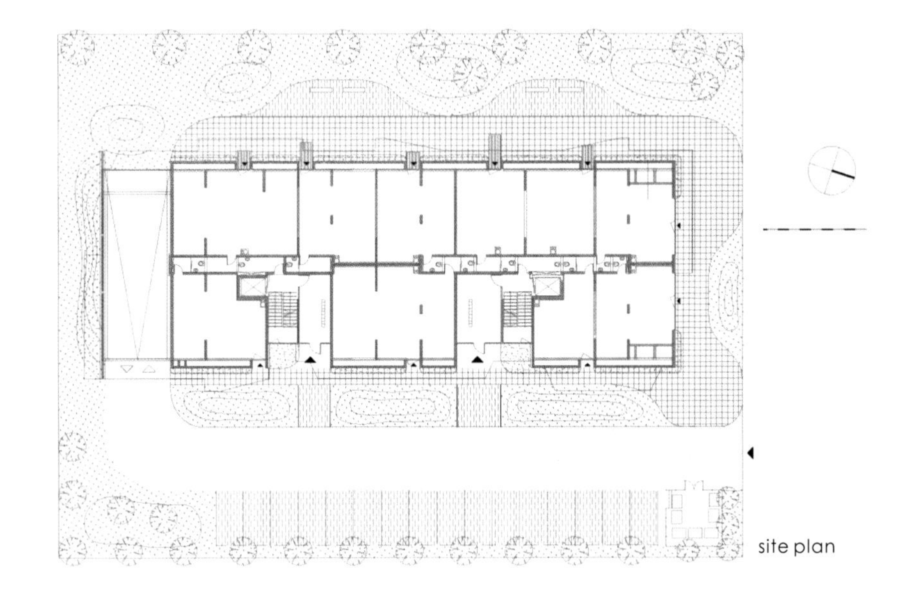

site plan

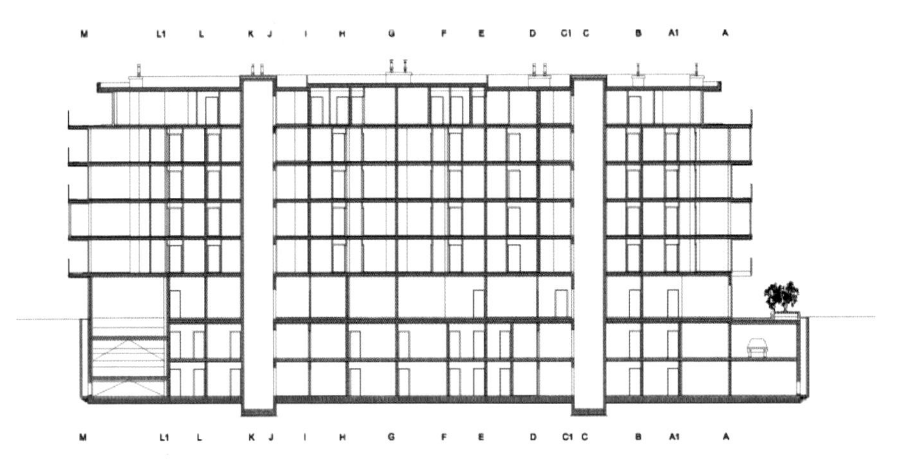

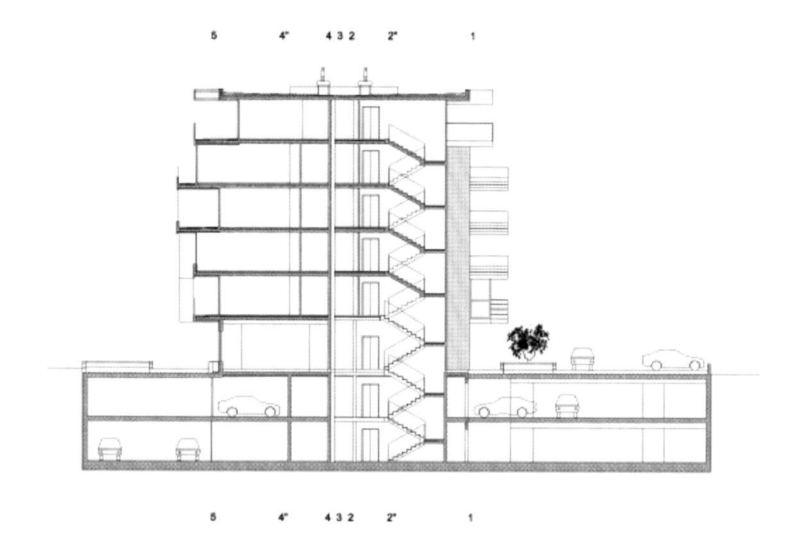

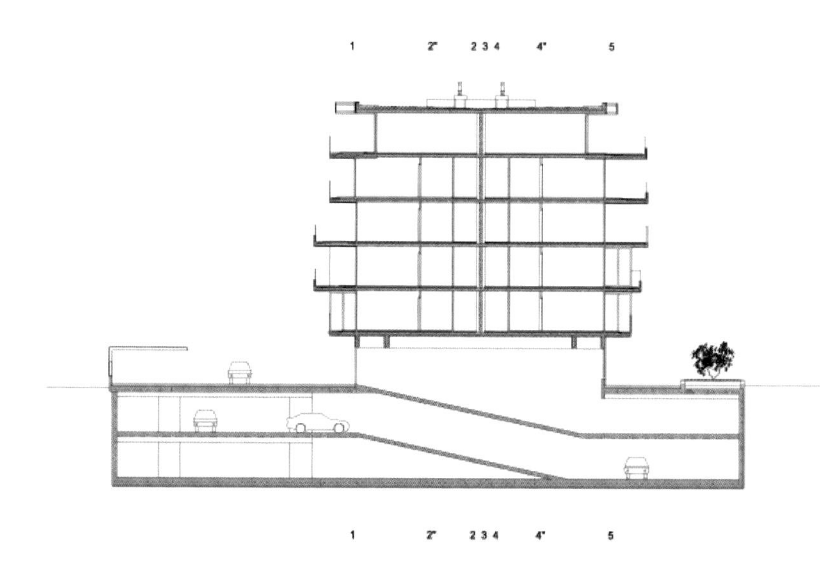

经研究该地现有住房的外部类型后建筑师提出了突出以下类型：阳台和露台。它们都是开放式的并带有屋顶、凉棚或凉廊，并由各具特色的栅栏全部或部分包围起来，这些栅栏由不等高的透明玻璃或金属制成。为了存储放在外面的家具，很多阳台都设有橱柜。这些传统元素的使用使得该公寓别有一番风味，通过呈现开放的或半封闭的景观，该建筑也显得更加狂野奔放和亲密无间。建筑师也恢复采用包围整个建筑的立体花边。该城市建筑固定的建设标准是48米×6米×5层的正方块。客户也明确提出，公寓的大小和类型要统一、简洁大方。在这个简单结构之上，作为第二外层的露台颜色不一，让每套公寓各具特色，买方根据其生活方式选择不同的户型。

建筑立面的颜色采用当地传统的颜色（典型的戈里察山谷土壤的颜色，葡萄酒的颜色和砖块的颜色），因此，当地人开始把它称为“睡衣”（因为它跟睡衣的花纹图案很相似）。

除了5层公寓外，这里也建起了两座地下停车库。地面层有办公室、商店和服务台。外观元素的组合，像隔热顶棚、棚架、隔离墙、露台、阳台和凉廊等为主要的生活区和休息区提供一个恒定的温度缓冲区，同时也可以减少天气突然变化和狂风暴雨带来的影响。在冬季敞廊和阳台外侧还摆放了其他铝制遮光板。服务交流空间被缩至最小，因此自然光可以充分进入。每月的基本能源消耗和维修费用非常低。

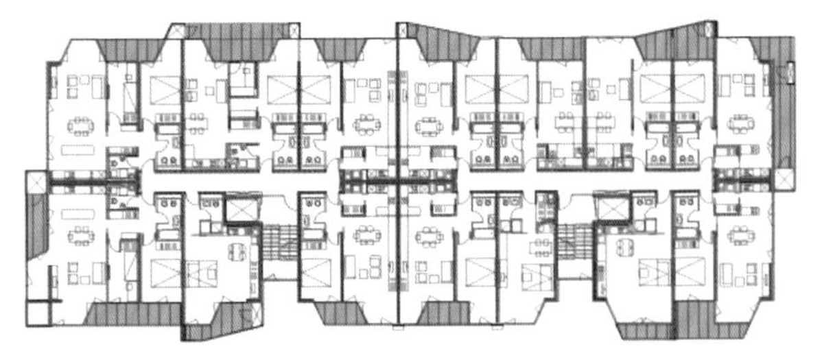

Level 1

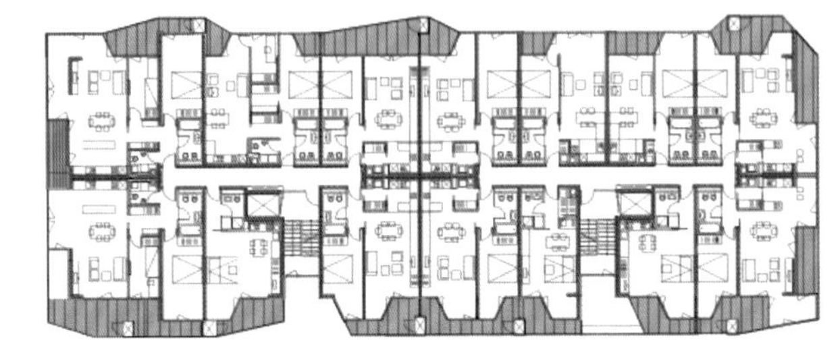

Level 2

Level 3

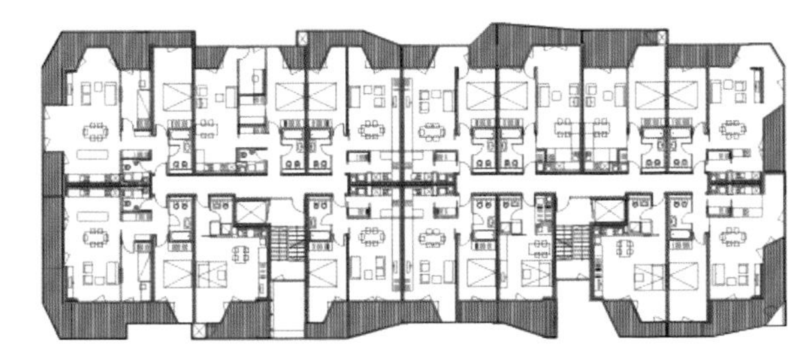

Level 4

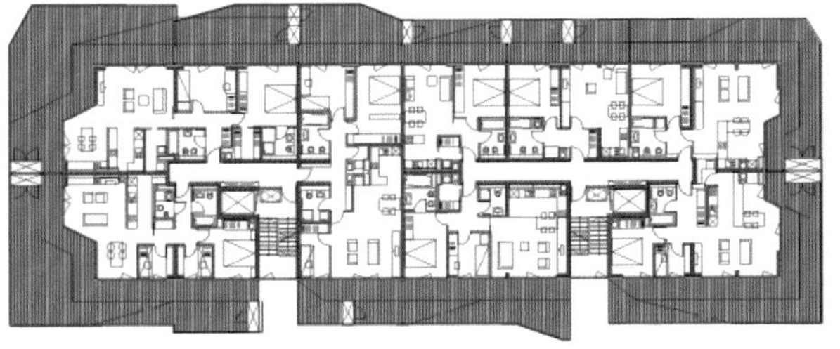

Level 5

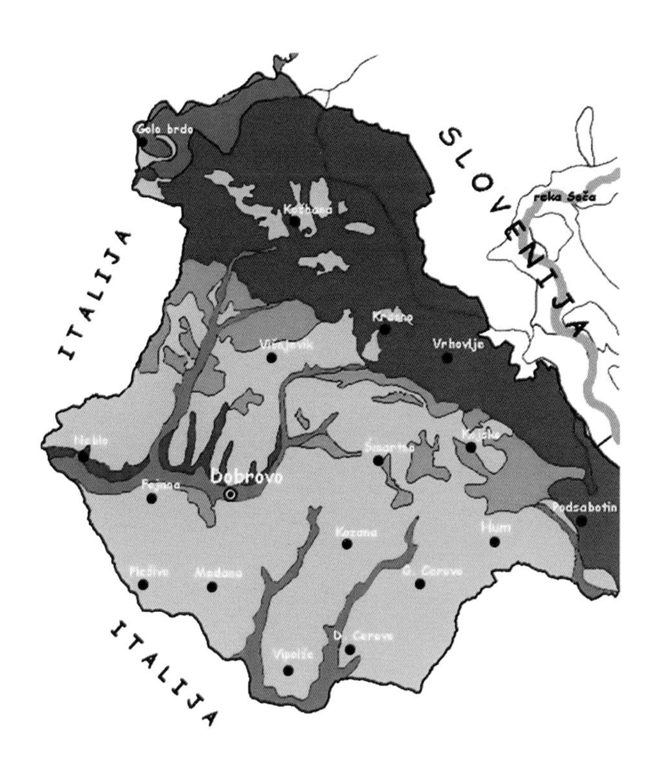

soil type colours = facade colours

70% rjava pokarbonatna apnenčasta tla
20% rendzina / apnenčasta sprsteninasta tla
10% pokarbonatna apnenčasta izprana tla

50% evtrična rjava tla / eoceanski fliš, lapor s primesjo apnenih breč
30% ranker evtrična regolitična tla
20% evtrična rjava tla / fliš, lapor s primesjo apnenca

80% evtrična rjava tla / eoceanski fliš
20% rendzina / fliš, sprsteninasta

60% evtrična rjava tla / eoceanski fliš
40% ectrična rjava / eoceanski fliš, antropogena

70% rendzina / apnenčasta, sprsteninasta tla
30% rjava pokarbonatna tla / apnenčasta tla

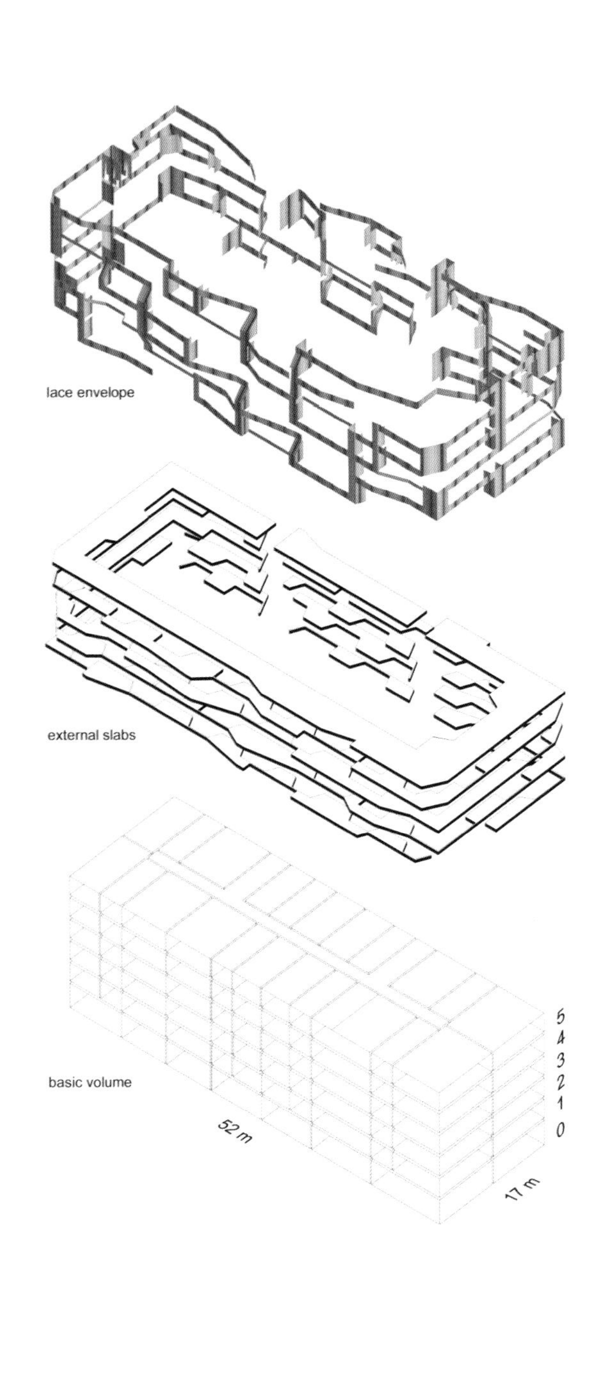

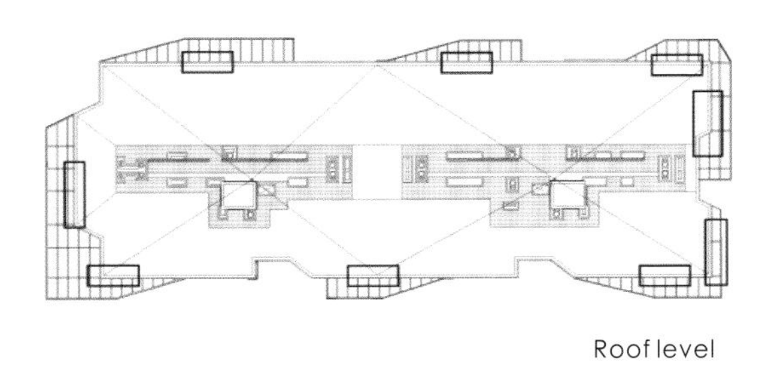

Roof level

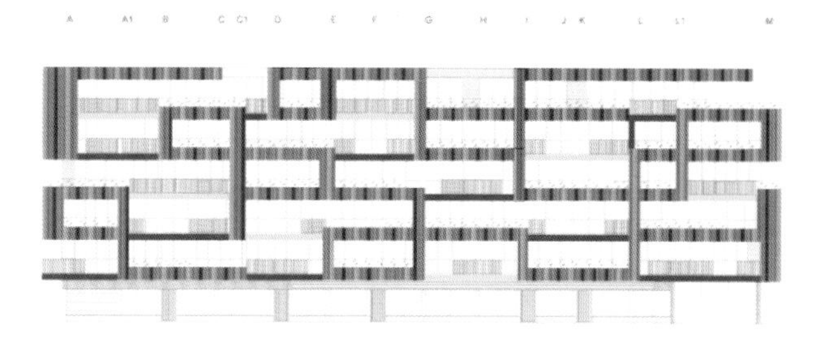
WEST

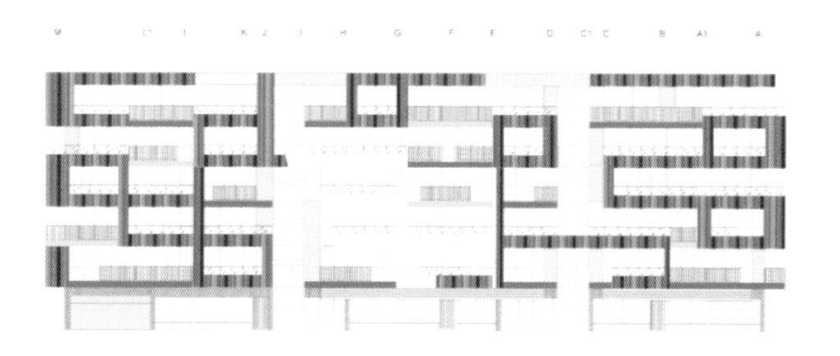
EAST

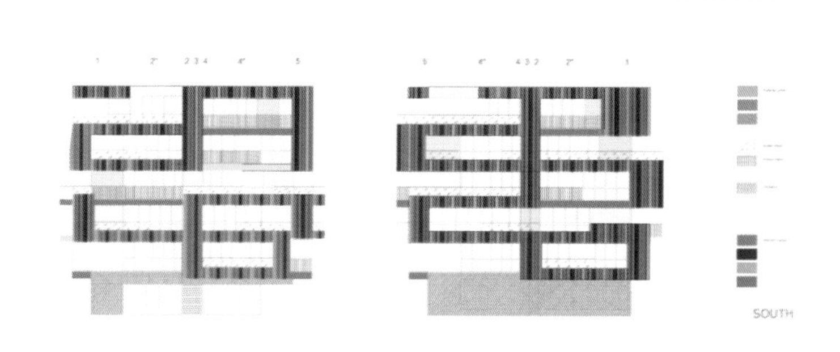
NORTH
SOUTH

中式风格

江南御府，中国上海

项目资料

项目地址：中国上海市　　/占地面积：约13 573平方米　　/设计单位：第恩地建筑咨询（上海）有限公司

项目说明

一、项目概况

江南御府（中式别墅区）项目位于上海西郊古建筑保护区——七宝古镇，紧临横沥港和浦汇塘，占地面积约13 573平方米。天然水系纵横环绕，小桥流水人家，一派江南古镇风貌。又与保护古建“斗姆阁”毗邻。周边交通方便，历史文化悠久，环境优美。

二、设计理念

尊重基地大环境，自然地理气候的外在可观条件。

尊重开发商的总体策划理念、景观风格定位，景观手法中渗透传统的苏州园林、江南水乡精髓和只言片语。

尊重居住者，为居住者带来更舒适、宜人、江南风格的上乘品质景观。

尊重规划设计师、建筑师们的整体创作，仔细研读其辛劳的硕果，延续和追随他们的创作灵感，进而发展、升华，追求景观与建筑完美结合，相得益彰。

三、景观设计

追求家居环境的诗化和雅化，追求人与大自然的融合。园林的营造，在乎于山、水、建筑、人、天、地相契相合的气氛，满足人们亲近自然的渴望。本项目之景观引入苏州园林风格和手法。以“一侧杨柳似翠屏，一湾碧水一条琴。无声诗与有声画，须在七宝水上寻”为景观设计主题。

井泉

夕照御亭

夕照御亭
烟波淡荡摇碧空

江南御府景观设计特色是将诗情画意、文人雅趣引入景观。文字对联雅名等在有限的景观里起到画龙点睛的作用，引人遐想，将形象思维与抽象思维有机结合，引发无限的想象空间。

小区大门向西而开，在其主景中轴线上和白色山墙衬映着朝西的景亭——夕照御亭。古旧的青灰砖立砌的庭院中有太湖立石插入花坛中央。北院银杏挺立向上，古井亭斜坐于旁。南院白色粉墙衬托出五针松形态优雅，石笋高低错落相依相随。一条小溪径流而过，构成小中见大的中心庭院主景观，令人过目难忘。

每家每户门楼以配有雅名，如：琴棋书画为一组，琴苑、棋寓、书屋、画坛，琴瑟和鸣；梅兰竹菊为一组，赏梅、纳兰、听竹、品菊，秀野踏青。

园中随处可见诗文碑铭、题字对联，因文学的融入大大提升了景观和楼盘原来的价值和品位，将物质和精神相结合，表现出社区景观的人文雅趣。

月秋

月秋

杯轩

云山诗意，中国清远

项目资料				
项目地址：中国广东省清远市	/占地面积：200 000平方米	/总建筑面积：500 000平方米	/容积率：3.117	/绿化率：42.7%
开发商：方圆集团	/设计单位：汉森国际伯盛设计集团			

项目说明

一、项目背景

清远云山诗意项目在原广州云山诗意的基础上，优化改良，融入更多现代和温暖的元素，在学术上获得了业界一致的好评，在市场上创造了高于周边楼盘30%单价的业绩，再次证明“好设计带来高附加值”！项目意在清远营造出一个以现代徽派建筑为基础，融合东方园林元素，形成了低容积率、低密度、高绿化率的高档人居社区。

二、规划设计

项目规划及建筑设计主要延续云山诗意人家品牌，意在清远营造出一个以现代徽派及中式园林为主题的高档人居环境小区。

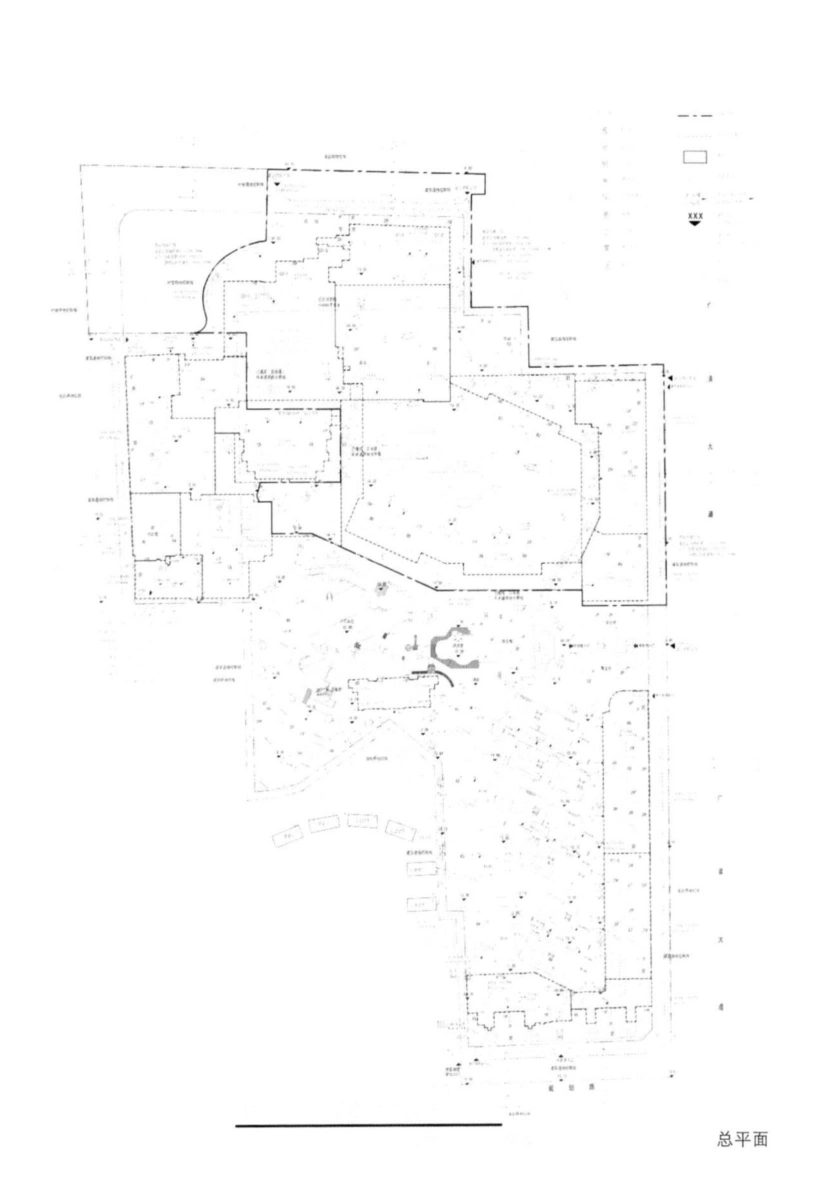

总平面

5号
小心台阶

规划上根据甲方要求，具体分三个区，其中两个组团是以5+1的情景洋房为中心，配以11层的小高层和18层的高层；另一组团为以高层为主的组团。前两个组团的情景洋房区域以中式园林的溪水为界有别于周边高层区域，以显该区域的尊贵，另为另一组团的高层留下了开阔的视野空间，有助于调节小区空间环境。小区有三个主要出入口，东边广清大道上的入口为主出入口，南边和北边规划路上分别设一个次出入口。小区内的组团路与三个出入口相衔接形成小区的主要交通路网。

三、建筑设计

清远云山诗意将现代的技术和传统的建筑风格有机地结合，创造了现代、建筑、文化三位一体的和谐人居新理念。

在建筑风格风面，清远云山诗意继承了广州云山诗意系列的东方特色及优秀品质，同时又非常注重创新。在徽派建筑的设计风格中，通过现代技术手段、色彩技巧和装饰材料，赋予传统徽派建筑以现代且简约的气息，使之成为优雅、现代、尊贵的高档社区。

立面上采用现代简约徽派形式，创新地打造一个具有宜人尺度的中式外观，粉墙黛瓦、翠竹粉桃、小桥流水融入中式园林景观，映出一幅现代徽州人居环境社区图画。

建筑户型设计上中心部分南北向排列户型方正，多层每层送露台，高层户户带入户花园。周边部分根据道路垂直排布，广清大道上的户型为减少马路对建筑的影响而特别设计户型。其南北朝向的板式多层情景洋房，自首层起户户带平台式空中庭院，一、二层带半地下室，匠心独运，彻底颠覆了楼市多层建筑标准。

四、园林设计

由于该项目周边没可利用的景观，因此规划上主要是项目用地范围内自己造景，项目在中央组团及南侧组团设置了一条环中央组团及南北向穿越南组团的绿水景观轴。所有的房子都围绕这一水景轴分布排列。要让尽可能多的单位能享受主景观水轴的景观。

项目中设计的三条轴线，东侧主出入口与商铺、下沉式会所、下沉式中心泳池形成主景观轴，中心组团正南北次景观轴是第二条景观轴，北边入口向南与两边建筑形成第三条景观轴。

80000平方米超大东方神韵环区山水园林，清远云山诗意整体以“水”为主题，叠级流水、涓涓小涧、人工湖泊，通过不同形态、不同类别的水体，结合精心雕凿的景观建筑、奇石、影壁等形成奇趣盎然的中式园林核心景观。

五、配套设施

小区配套齐全，入口轴线景观优美，商业完善且设计有创意,令人印象深刻！会所，游泳池、网球场、羽毛球场、健身房、阅读室、国学馆等设施，为业主提供丰富业余生活的交流平台。

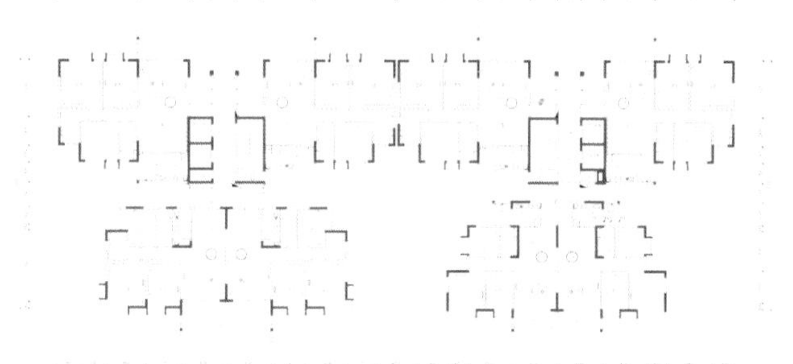

A6栋标准平面图 1:100

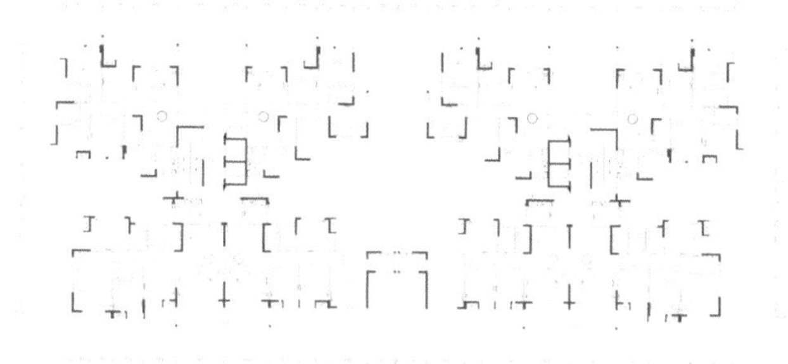

C6栋标准平面图 1:100

绿地·星梦工坊，中国天津

项目资料

项目地址：中国天津市 /占地面积：428 045.20平方米 /总建筑面积：178 896.14平方米 /容积率：0.42 /绿化率：48.6%

建筑密度：17.58% /设计单位：英国UA国际建筑设计有限公司

项目说明

一、项目概况

项目位于天津5A级国家名胜风景区蓟县西北部的许家台乡，该项目西距北京53千米，东距唐山100千米，南距天津110千米，北距承德200千米。

区内地势起伏，多为山体，山体大部分为东西向，现状山体不完整，有山石开挖的遗留地，基地周边配套设施欠缺。宝平公路从北至南贯穿社区。整个盘龙谷文化城规划可用地面积约990900平方米。本案属于天津盘龙谷文化城项目二期用地——S5地块范围内，处于宝平路与许家台新农村规划路的交叉口处。总用地面积为428045.20平方米。

二、规划布局

住宅组团主要以建设低层低密度住宅为主。设计中尽可能利用地形布置建筑，减少土石方开挖量，通过竖向高度的变化，建筑类型的不同搭配以及空间的不同组合变化，使得空间形态疏密有致、高低错落，大大丰富了社区建筑的天际线。

规划结合地形，住宅多采取南北向布置，既可得到较好的建筑朝向，又可达到美观经济的效果，住宅布置自由而不失章法，南北向的布局及1 1.61的住宅间距，保障每户居民均有良好的通风和采光，建筑结合地形合理布置，高低错落，立面活泼多样，既充分利用地形又丰富建筑景观。建筑为南北两种入口处理，以形成内向院落，其特点是强调邻里结合，加强围合感，促进邻里关系，形成领域界限。两组团之间通过小区支路相连，保证了组团间交通的便捷、通畅。

内部环形路网把整个社区分为若干个组团，以小组团的形式构筑出一个个拥有归宿感和领域感的私密性的组团空间。沿社区主要出入口设有售楼处，被改造成小区的会所，画家村内设有艺术类公共建筑，为社区居民提供丰富多彩的艺术与娱乐设施。

三、绿化及景观系统

结合地理优势与环境优势，社区景观设计以“自然、水”为基本元素，小区内各个功能区的环境相互渗透。通过绿地植被、硬质铺地、水体形态、广场、小品以及空间大小的转换，使环路内外的空间被交接成一个网状的结构，景观休闲空间有层次地从公共空间过渡到半公共、半私密直至私密空间。

四、交通组织

每个片区之间的车行道同时也是小区最重要的景观大道，规划为6米宽的机动车道，两侧各有约3米宽绿化带。每一个小组团皆布置于5米宽道路与片区内的主干道相连的次干道边，方便每一户人能较快地开车回家，其中社区内部道路呈外围环绕型，既满足紧急通道安全、通畅的要求，又能保证内部步行体系的完整和片区空间的丰富。宅间道路为各个组团的入户道路，布置原则为尽量不占用小区的集中绿地和组团绿地，以便捷性与可达性为准则。

五、建筑设计

引用了中国传统“村落”的设计理念，是传统“村落”的一次新演译，通过建筑之间的拼接组合形成自由灵活多样的交流空间，形成了大小不同的院落，营造出富有人情味的邻里空间，并通过中央景观带串联在一起，也为艺术家们提供了一个室外展示的场所。同时自由的建筑形态也可被视作曲折山体的再延续。

设计具有历史文化价值的成熟的温馨的立面风格，在别墅的创造中采用了“中国性”住宅的建筑风格，创造具有中国意境的住宅。院墙是“中式”建筑里一种十分突出的外部形式，建筑通过现代的处理手法重新塑造墙体的形态，利用各种高低，长短、虚实不一的墙体通过不同组合连接在一起。在整体上形成外实内虚，外简内繁的形式。通过合理的拼接组合，形成了大小各异的内院空间，与优美的山色相呼应。在色彩控制上自始至终贯彻“舍艳求素”的原则，通过同一种材料的不同拼接手法来营造出不同的建筑细部，同时素雅的墙面也为各种植物提供了良好的背景。与盘龙谷山色融为一体。在细节的处理上，提炼了一些传统建筑符号，与对中国门窗的元素提炼，并通过现代的手法来演译，给人以一种相对直观的感受。

万科·白鹭郡西，中国杭州

项目资料

项目地址：中国浙江省杭州市 / 占地面积：336600平方米 / 总建筑面积：约108 700平方米 / 设计单位：上海中房建筑设计有限公司

项目说明

万科·白鹭郡西住宅位于杭州市万科良渚文化村内，项目规划总用地面积336 600平方米，地上总建筑面积约108 700平方米。

建筑外形设计充分考虑项目所处良渚地区的大环境，从其悠久的历史传承及现代的居住开发中汲取灵感。设计采用四坡屋顶，墙身采用粗骨粒涂料，基础部分及局部设置的壁柱采用粗犷的石材处理。在一些节点部位，通过具有符号性的独特细部彰显项目的独特品质。

项目采用实木门窗，在一些檐口、廊下以及露台等近人尺度的局部也采用本地木材装饰。通过这些设计处理，着力营造一种粗野中不乏精致，乡土中又不乏诗意的居住建筑意境，使整体造型既符合杭州良渚地区独特的区域特质，又符合山地建筑这个特定的场地条件，同时充分利用新时代新工艺以更好地满足住户的需求。

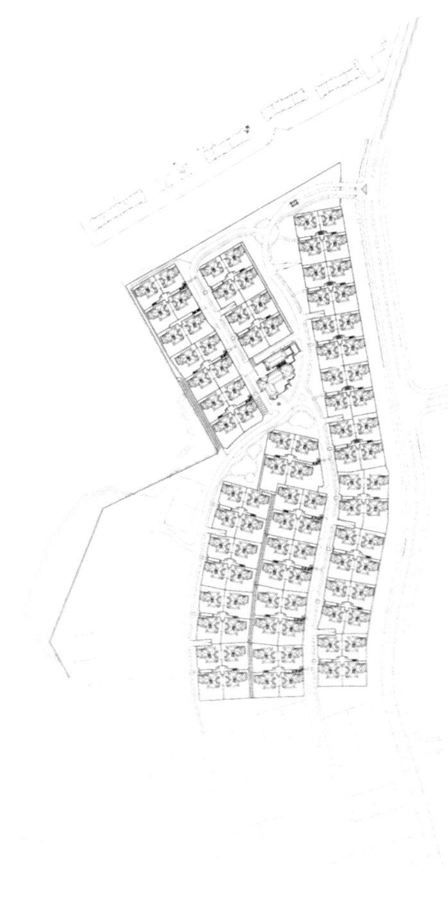

无庶，中国南京

项目资料

项目地址：中国江苏省南京市　/设计单位：南京长发房地产开发有限责任公司

项目说明

无庶地处玄武湖东岸，与情侣园、太阳宫隔路相望，临近南京“龙脉”紫金山，呈枕山襟湖之势。无庶冲破当下繁复的欧美建筑风，以一种质朴简素的姿态，隐于城市中心，打破南京“缺席”中国建筑的现状，昭示着天人合一、物我两忘的中式风骨。

无庶建筑设计强调私密性与景观性的融合，独创“一宅一院一方天”格局，家家前庭后院，户户均可无阻碍地看到天空。户型设计方正仁和，高宅、深井、广厅。各户独门独院，层层退台，互不相扰，生活其间只有群鸟的喧哗，丝竹的清声，远离俗世的烟火，带来别墅级的高舒适度。

仰止

影湖

家傳禮詩

万物生于有 有生于无

新装饰艺术风格

海域岛屿墅，中国哈尔滨

项目资料

项目地址：中国黑龙江省哈尔滨市 / 占地面积：230000平方米 / 总建筑面积：410000平方米 / 容积率：1.3 / 绿化率：45%

开发商：上海绿地集团长春置业有限公司 / 建筑设计：上海水石建筑规划设计有限公司

项目说明

海域岛屿墅位于哈尔滨市松北区。该用地所处区域自然环境良好，空气质量水平高，非常适合建设别墅类住宅。项目总用地230000平方米，包括联排别墅和高层住宅在内共建设410000平方米住宅，分两期完成。

一、规划设计

本项目用地方正，地势平坦，规划分为南区块的联排别墅部分以及北区块的高层住宅部分，一期建设南区块的联排别墅部分，共约150000平方米800户。

别墅部分在地块南侧及西侧分别有两个社区出入口，都需要通过一段林荫道路进入，掩映在树影间的精致建筑更加彰显社区的尊贵品质。

别墅区规划结合别墅类住宅的用地特点，巧妙地通过路网划分组团，形成若干容量相近、排布方式各异的组团空间，有机地分布大、中、小户型，在兼顾各户型用地均好的同时合理有效分配土地价值。

规划结合建筑的立面风格进行单体布置，使相邻建筑立面协调中存在一定差异，以提高识别性，避免单调。在道路或景观轴线周围和尽端对景处，布置立面形态优美的单体。

二、建筑设计

1.户型设计

尊重北方严寒地区的居住习惯，户型外轮廓简洁平直，减少体形系数的同时，又可以使内部空间方正实用；充分发掘每一户型专属的地下及阁楼空间，拓展230平方米到320平方米室内生活空间，另加40～120平方米不等的室外院落，真正体验完整别墅内大家庭的温暖与舒适。

2.室内空间设计

充实传统联排别墅内部空间——地下采光家庭娱乐厅、客厅局部挑空，餐厅、客厅错层设计，地库室内入户，阁楼创意空间，庭院、露台、阳台、小站台多层次室外空间等丰富而实用的变化空间，为室内设计先行提出构想和创造更大的发挥空间。

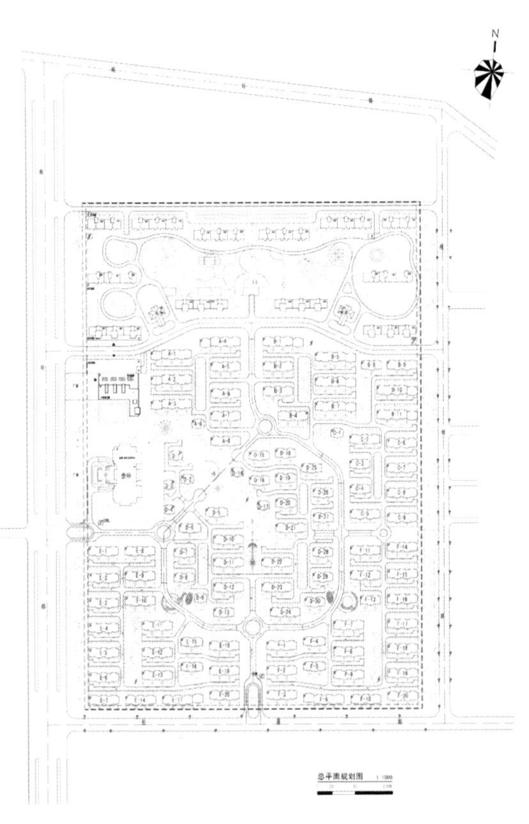

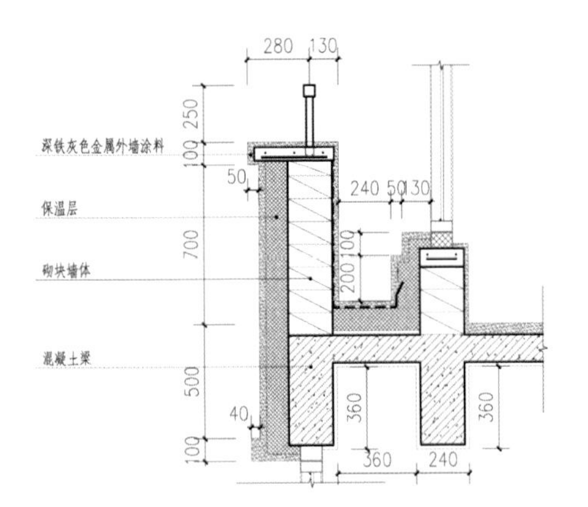

A-3节点大样图 1：20

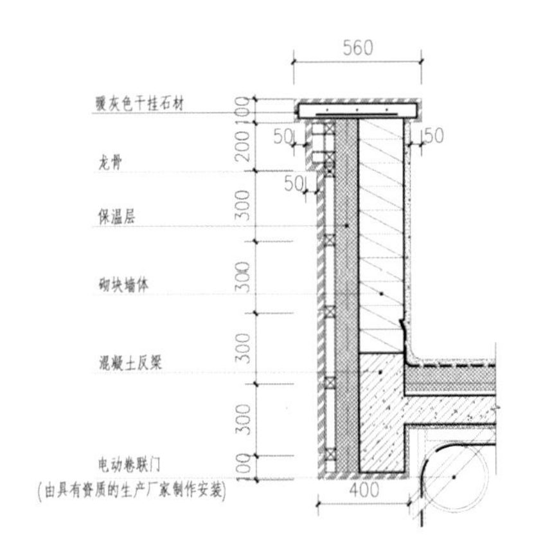

A-4节点大样图 1：20

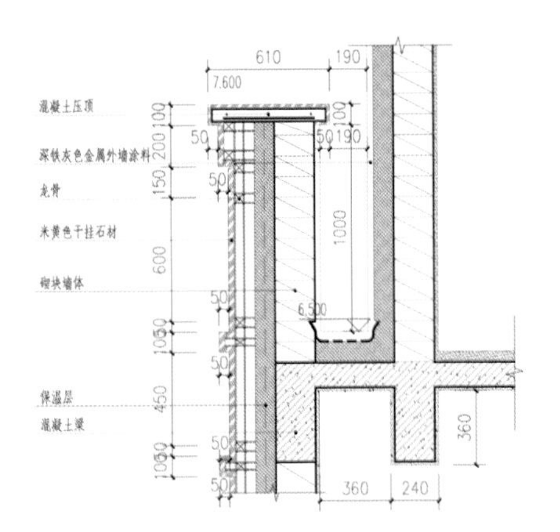

A-5节点大样图 1：20

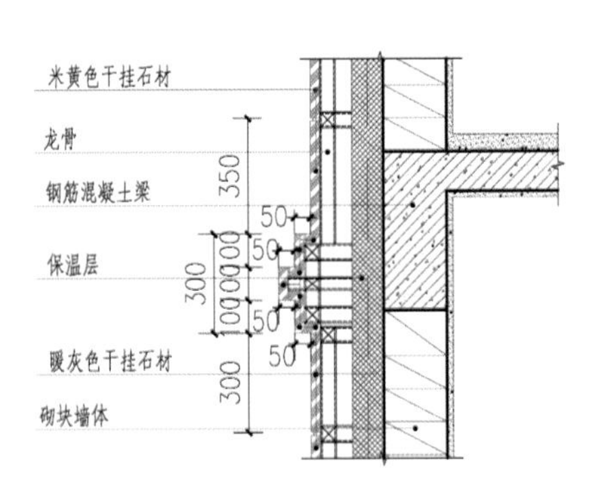

A-6节点大样图 1：20

3.外立面设计

设计借鉴海派Art Deco建筑风格元素，通过厚重华丽的石材、金属等材料语言，营造出一种具有古典贵族宅邸气质的别墅作品。在整体形态的处理上力求避免以往联排别墅整齐阵列式的机械呆板方式，通过对形体立面的重新整合组织使6联拼、8联拼甚至12联拼的别墅宛如一幢幢独立的大住宅，完整、典雅、庄重。在序列中有变化，在变化中有统一，更通过对院落等建筑近地部分的细节处理，真正使建筑与环境浑然一体、和谐自然，创造出高品质的人居建筑典范。

4. 建筑近地部分设计

居住建筑尤其是别墅类建筑与地面相接部分的设计，常常被建筑师甚至业主忽略，项目将建筑设计范围主动扩展至别墅基底外围的院墙、花台、分户墙、庭院入口等部位，力求完整深入地控制所有地面以上的建筑物、构筑物的施工建成效果。

5. 建筑细部设计

项目通过完整严格的技术图纸，精准控制所有外立面施工的细节尺度、颜色材料、门窗部品，并且在不同组团的建筑细节纹饰上加入不同的人文符号，增加建筑的标志及归属感，体现尊贵的同时，展现人性化居住建筑的温暖与厚重。

6. 建筑风格

针对北方地区气候特点，结合哈尔滨市独特的城市气质，项目力求通过对别墅建筑内在风格气质的塑造，营建一座具有较高的独特性和差异化的高端人居社区。本项目别墅形态设计借鉴海派Art Deco建筑风格元素，挖掘哈尔滨市浓厚的俄罗斯文化，将高贵的东欧建筑形象融入到项目中，树立本项目尊贵典雅的气质与风范。

三、景观设计

项目在景观设计当中，延续了建筑设计的古典气质，在入口及内部公共景观处着力营造古典园林的秩序与氛围，并融入自然生态的居住理念。

结合低层建筑的特点，精心选栽各类树种。

在社区入口，项目将入口的过渡性和导向性设计得恰到好处：通过一段湖畔林荫小路，将外界的繁杂和喧嚣挡在社区门外，让绿树水景映入眼帘，达到放松心情和心灵升华的效果。社区大门到第一个组团入口之间的空间，是人们进入社区后对其内部的第一印象，精益求精的细节处理让人倍感愉悦。

由林荫道或人工湖上的桥梁、草坪、花池、小品等元素组成的具有强烈向导性的空间，利于交通疏导。

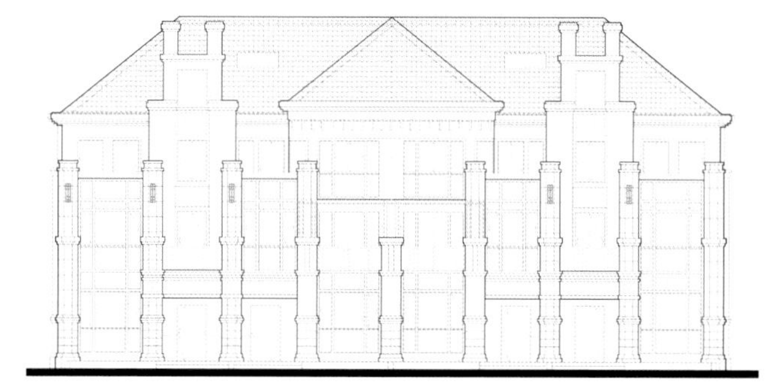

南立面图

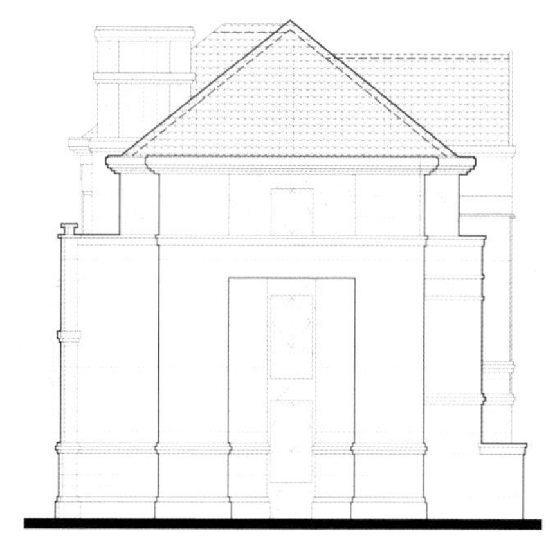

侧立面图

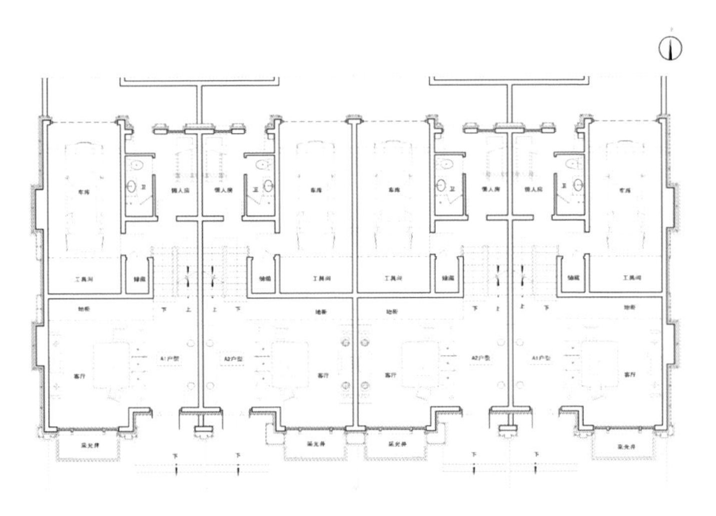

一层平面图

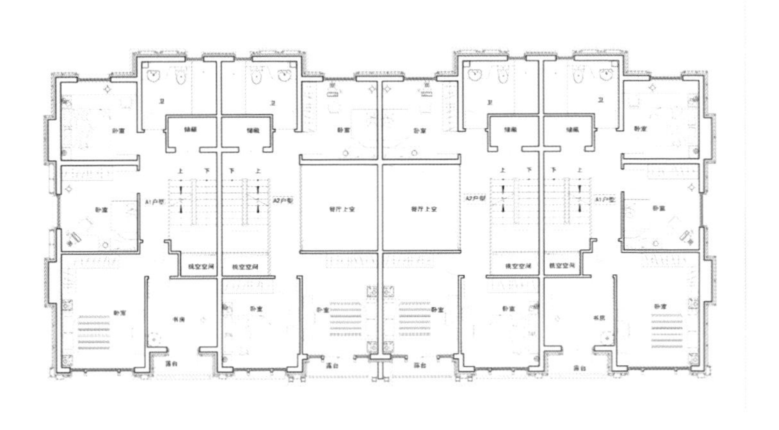

二层平面图

新里·派克公馆，中国成都

项目资料				
项目地址：中国四川省成都市	/占地面积：249700平方米	/总建筑面积：600000平方米	/容积率：2.40	/绿化率：40.35%
建筑密度：28.2%	/开发商：上海绿地集团成都置业有限公司	/设计单位：英国UA国际建筑设计有限公司		

项目说明

一、总体介绍

新里·派克公馆位于成都素有“人文城西，新兴富人区”之称的西高新国际社区，正好处在成都高新技术产业开发区西区和金牛区交界的核心地带，是上海绿地集团在成都的又一力作。

新里·派克公馆占地249 700平方米，总建筑面积近600 000平方米，其中产品类型有叠拼别墅、电梯洋房、高层等。项目西近羊西线蜀西路、东临老成灌公路，是川北黄金旅游通道的第一站，交通便捷，地理位置显赫。项目西侧是成都高新技术产业开发区西区，区内拥有众多世界著名企业和国内高精尖企业，政府已规划并全力推进该区域配套设施建设，除了5 000多亩的两河生态森林公园外，购物、休闲、娱乐等配套设施应有尽有。同时，新里·派克公馆周边还拥有四川外语学院成都学院、成都市实验外国语学校等多所大、中、小学，教育设施完善。随着西高新国际社区的逐步成熟，该区域已成为城西最具潜力的高尚生活中心居住区。

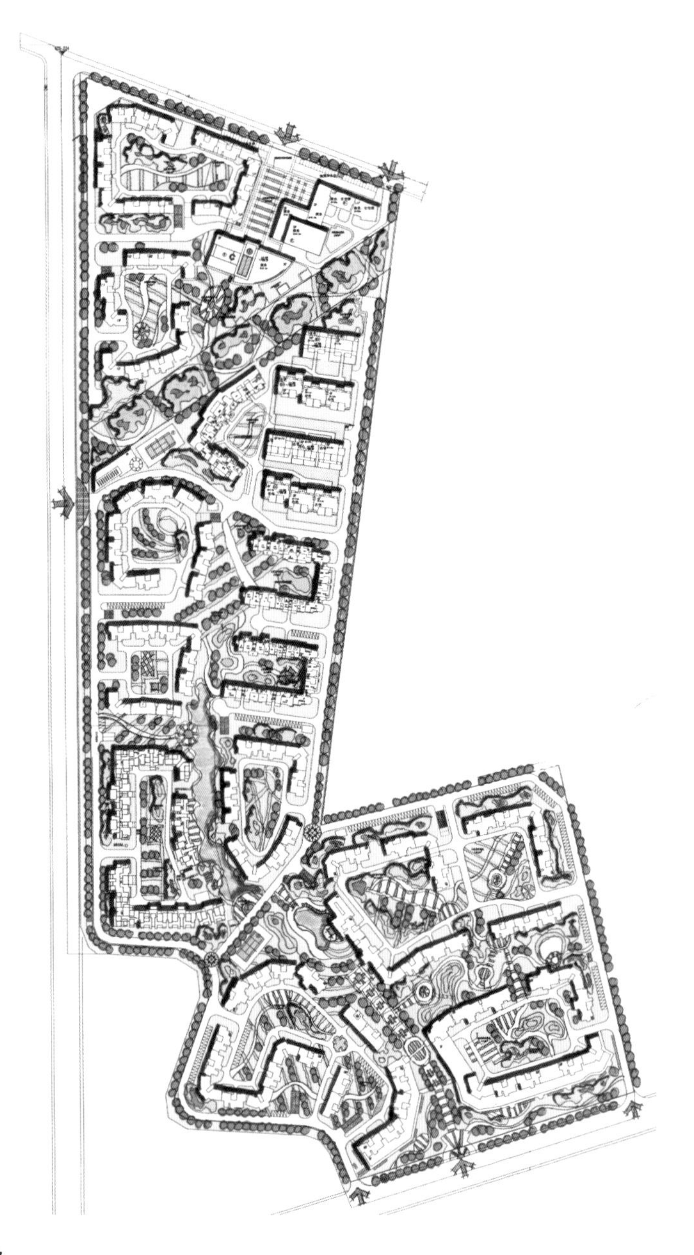

二、设计理念

新里·派克公馆以影响深远的“Art Deco（装饰艺术）”风格为设计灵感，采用简洁流畅、挺拔的线条，化繁为简，干净利落。巧思细节处理，强调线条感，显现出建筑本身的稳重和高贵。新里·派克公馆的出现让起源于欧洲、风靡于美国、盛行于上海的经典装饰艺术风格在成都得以传承。

三、规划设计

新里·派克公馆由住宅和公建两部分组成，建筑高度总体呈南高北低以满足航空限高要求。公建设于基地北端，包括商业、餐饮、会所、青年公寓、健身房、游泳馆、篮球馆等，可兼顾社区内外客户服务的需求。住宅部分根据成都当地的气候特点及规划要求，基本上采用围合式的建筑布局，以营造出尺度适宜的景观庭院，增强住户的归属感，同时在满足每户日照需求的前提下尽可能获得更好的景观。通过将各组团庭院景观空间与住区的主要开放空间相互贯通，使得各个相对独立的组团庭院能有机地联系成一个整体。

四、建筑设计

根据产品定位，新里·派克公馆住宅造型选择了能体现上海传统的“Art Deco（装饰艺术）”风格。在设计上，摒弃了简单的建筑元素抄袭，运用建筑现象学的归纳方法，深入研究了该风格的起源及特征，并在实际设计中加以提炼和简化，希望通过现代的造型语言及材料语言来描述古典的建筑风格。立面材料以面砖、金属、玻璃为主，通过对面砖铺贴的深化设计，原本在同一平面的面砖更富有层次变化，配合竖向体块及横向线条的穿插，使整个建筑形成简洁、明快、稳重的视觉效果。

户型设计适应当地气候特点及市场要求，以大开间、宽阔观景、前庭后院、空中花园等高标准的空间尺度为设计基础，注重功能房的合理布局及景观和通风对流，为住户的舒适生活提供完善的保障。其中大量运用错层阳台的设计，既为住户增加了额外的使用空间，同时也使得立面更显大气。

五、景观设计

景观设计方面，切实从文脉和地脉条件出发，在尽量保持原生林木的基础上，设计师通过大量绿地、树木、平台、林荫大道、广场、喷水池、雕塑等巧夺天工的设计和景观元素，创造了一个具有艺术气息的园林。景观设计与项目总体风格相协调，生态景观舒展恢弘，充分强调构图元素的自身对比；人造景观简约大气，体现积极进取的美式开放精神。

东南亚风格

大华·蔚蓝花园，中国海口

项目资料			
项目地址：中国海南省海口市	/ 占地面积：76155.709平方米	/ 总建筑面积：50062.8平方米	/ 容积率：0.66
设计单位：夏恳尼曦（上海）建筑设计事务所			

项目说明

一、项目概况

项目基地位于海口市长流新区，北临西海岸滨海大道，虽面向琼州海峡，但有街区相间，与喜来登酒店隔街相望，基地西、南、东侧均有城市规划支路，其中西、南两侧均与海口植物园毗邻，外部环境堪称优越，基地地形方整，总用地面积76155.709平方米。

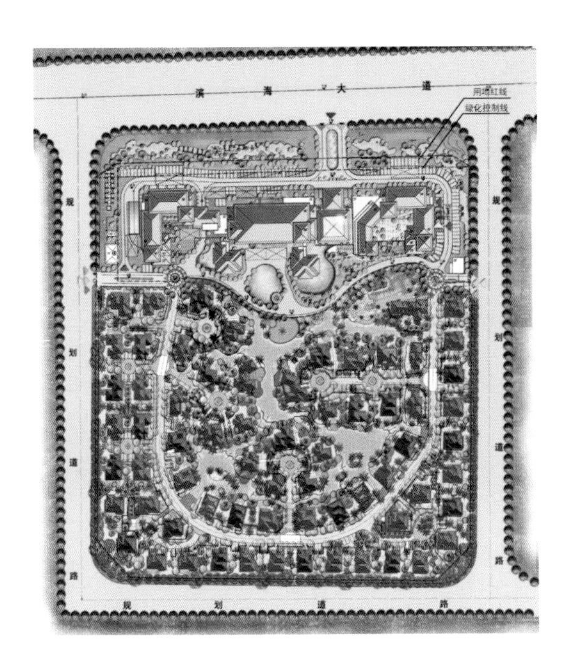

图例：

- 消防紧急出入口
- 酒店主入口
- 酒店后勤出入口
- 度假住宅区出入口
- 地下车库出入口
- 人行出入口
- 车行出入口
- 自行车出入口

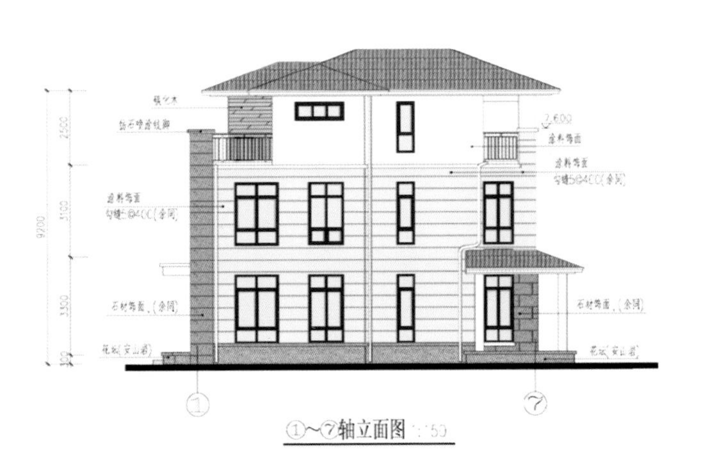

①~⑦轴立面图 1:150

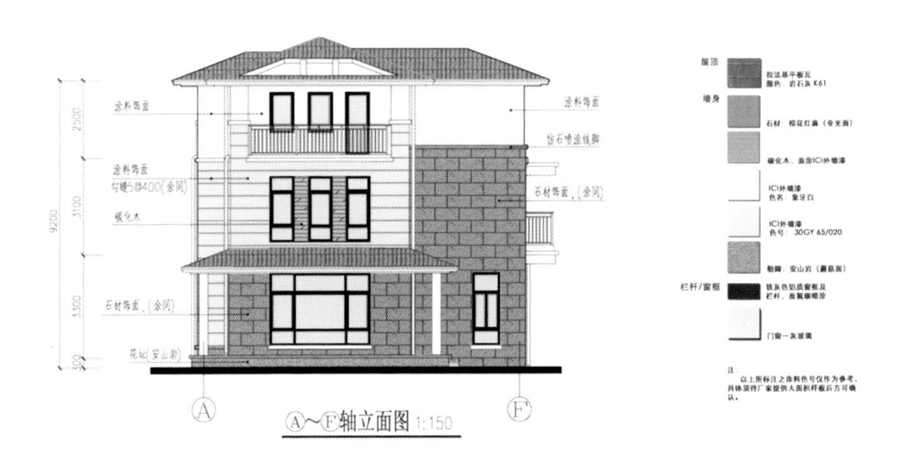

Ⓐ~Ⓕ轴立面图 1:150

⑦~①轴立面图 1:150

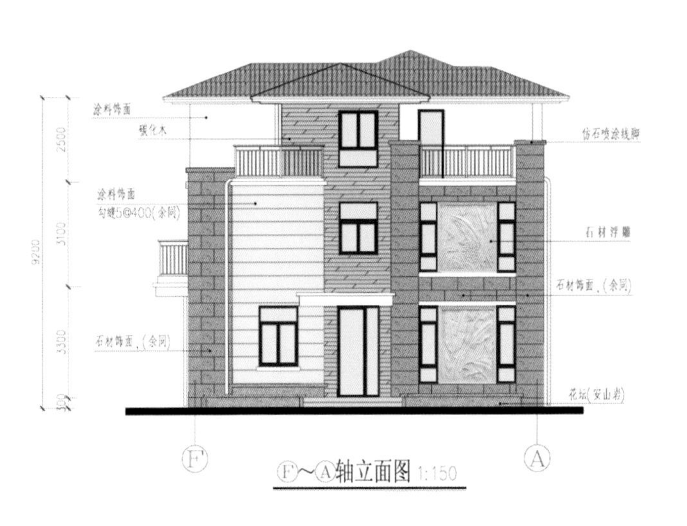

Ⓕ~Ⓐ轴立面图 1:150

Ⓐ～Ⓔ轴立面图 1:150

Ⓔ～Ⓐ轴立面图 1:150

YB～YA轴立面图 1:150

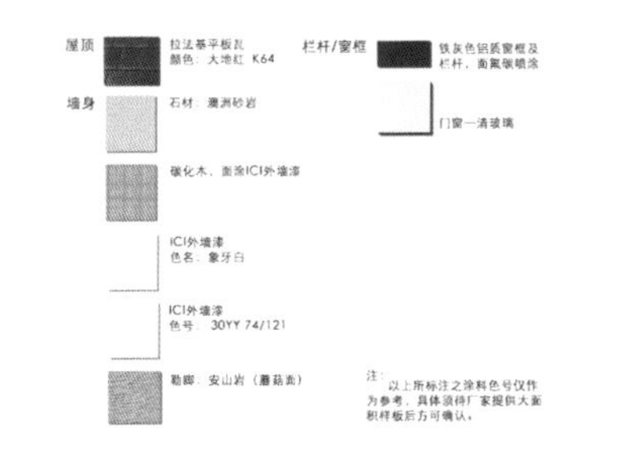

工程计划分两期实施，其中一期别墅71栋，总建筑面积17819.5平方米；二期为酒店，总建筑面积32243.3平方米，地下包括汽车库、人防及相应配套设施，建筑面积10700平方米。

二、设计理念

别墅作为一种建筑类型，是有明确概念的。对别墅的营造也有不同于一般住宅的要求。对“别墅”这个名词作一直观的解释，其“别”字在这里是“另外”、“另一处”的意思，而“墅”则是“野”与“土”的组合，可作“山野之地”解。因此对别墅的定义可为“第一居所（日常居住生活之处）之外的另一处（或几处），用于休养、度假等有良好室外自然环境的居所”。本案所处乃一滨海旅游胜地，其得天独厚的地理位置赋予了创造城市滨海绿洲的最佳条件，营造一处绝对不同于钢筋水泥城市的休闲之居。

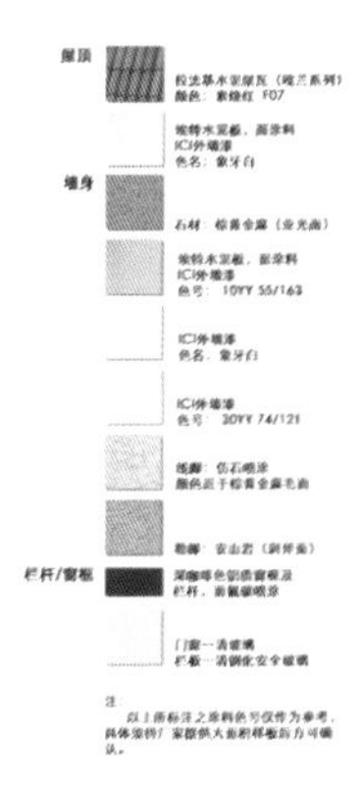

三、总体规划

总体的规划由平原、水体及岛状绿洲组合，旨在营造巴厘风情的、自然原野的、现代版热带休闲的、度假感洋溢的自由生态居住区。其中心强调水体的作用，不规则形状的水体，迎着向它伸展的四个亲水绿洲岛叶。围着这些绿洲的正是另一组沿弧形道路蜿蜒的平原。休闲住宅错落地分布在这些平原上、绿洲边，或亲水或观水，使人如置身在多彩多姿的大自然中，悠然自在。

四、建筑设计

为体现现代版的热带风情建筑，展现巴厘岛般的自然休闲，它须有通透的一面，也要有含蓄的一面；有大胆夸张的用料，也有朴实简约的表现。强调大挑檐、柱廊、大开窗，但以现代的简洁风格将之整合。针对位于不同位置的建筑，考虑其景观特性，个别设计，立求建筑由景而生。半室外的大露台，赏心悦目的亲水楼台，令建筑内外空间相互渗透，感受置身“自然”，深入原野的感觉。

升涛沙豪宅，新加坡圣淘沙

项目资料
项目地址：新加坡圣淘沙湾 / 总楼层面积：668平方米 / 总建筑面积：770平方米
建筑设计：Forum Architects Pte. Ltd. / 项目负责人：Tan Kok Hiang / 设计负责人：Tan Kok Hiang / 设计/项目团队：Lye Yi-Shan, Rachel Ng
结构工程：Ronnie & Koh Partnership / 机电工程：Lincolne Scott Ng 数据测量：RJ / 助理承建商：WTK Builder Pte .Ltd. / 摄影：Albert Lim

项目说明

项目位于色拉逢山的斜坡之上，坐享畅通无阻的海洋及色拉逢高尔夫球场的美景。该房屋结构呈线形，长的一边沿着海岸线平行延伸。与大楼立面垂直的板岩墙固定着东面角落的一个浮动梯。为了将景观最大化，这座住宅被设计成四个叠加起来的楼层，所有房间都朝向东面。在架构设计上清晰地设计了诸如门廊、浴室和后院等空间，这些空间都依偎着倾斜的平台而设置，客厅和卧室这些主要的空间则享有俯视私人泳池、高尔夫球场和海洋的广阔视野。

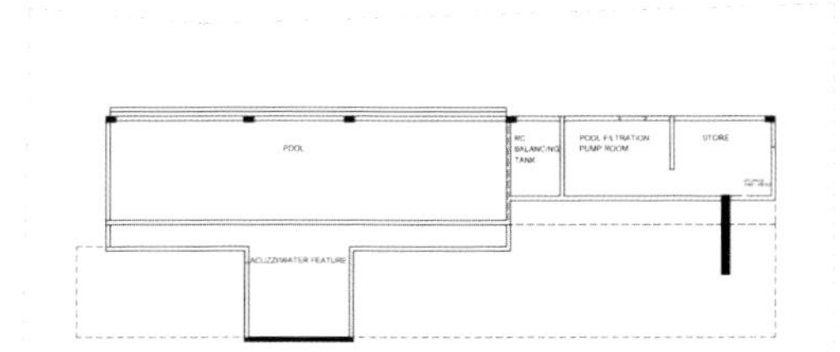

BASEMENT STOREY PLAN

从后院通向房屋的通道可以看到坚固的石灰岩石头、木材和钢构墙。位于二层的客厅和卧室拥有跨越其邻边植被，通向远方的畅通无阻的景观视野。由于光线一方面从落地玻璃窗进入，另一方面从楼梯顶上的天窗进入，这个以大理石为砖瓦的客厅在白天的时候成了开放和令人愉悦的、光线充足的空间。环绕二层楼层边缘的外部平台将客厅区域延伸至室外。而一层的休闲区和会客区则向凉爽的户外平台和小型游泳池开放，与它们结合得天衣无缝。三层的主卧室和其他卧室都可以通往顶楼的屋顶平台。这个屋顶平台是一天结束后，可以远眺岌巴港璀璨夜景的一个安静的好地方。

幸福海，中国琼海

项目资料				
项目地址：中国海南省琼海市	/占地面积：101077平方米	/总建筑面积：92580平方米	/容积率：0.92	/绿化率：35%
开发商：琼海博鳌幸福联盟投资有限公司	/建筑设计：深圳市华域普风设计有限公司			

项目说明

项目位于海南省琼海市博鳌镇望海街一号地块，东侧为海滩，西侧紧邻望海街，南侧为防风林和妈祖庙，北侧为玉带湾大酒店。

从基地可观万泉河入海口，地块拥有得天独厚的自然景观资源。

总体布局顺应城市规划结构，注重海岸、社区及小镇之间的形态关系。望海街与海滩之间的视线通廊将海景引入更加深远的城市街区。

由南往北建筑呈现从低到高的总体格局，每栋单体蜿蜒舒展并呈退台的形态，形成错落而有层次的天际轮廓，并使建筑群落尺度更加亲和。

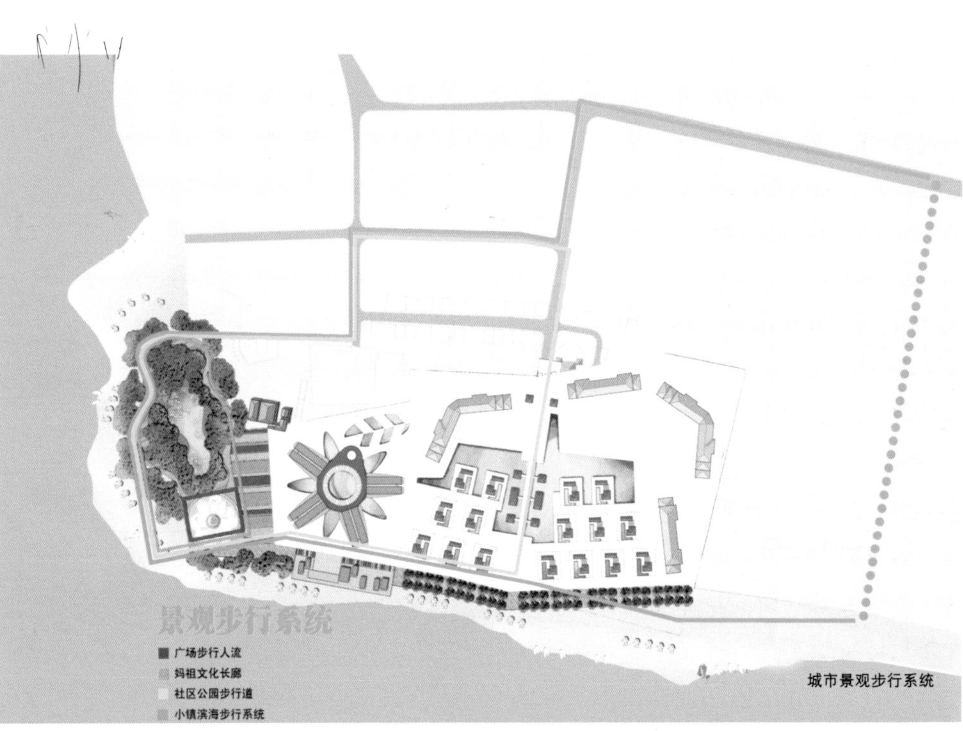
景观步行系统
广场步行人流
妈祖文化长廊
社区公园步行道
小镇滨海步行系统
城市景观步行系统

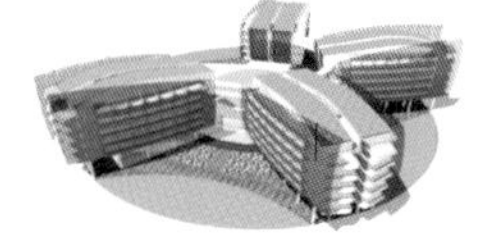

建筑·莲花
ARCHITECTURE · LOTUS

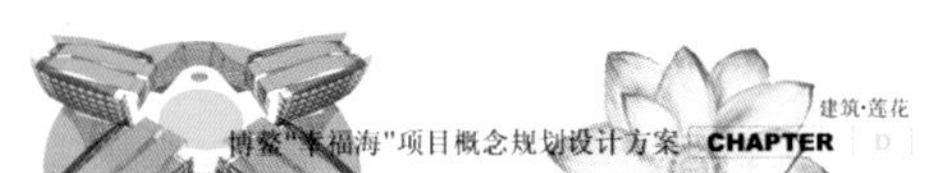

建筑·莲花

博鳌"幸福海"项目概念规划设计方案 CHAPTER D

意大利风格

青建·橄榄树，中国青岛

项目资料

项目地址：中国山东省青岛市　/占地面积：146 000平方米　/开发商：青岛香根温泉置业有限公司　/设计单位：ECOLAND易兰

项目说明

一、项目介绍

青建·橄榄树位于青岛即墨市温泉镇，南依崂山，东临鳌山湾，与山东省省级旅游度假区——田横岛隔海相望。区域内拥有世界罕有、中国唯一的海水矿化温泉。项目距离流亭机场30千米、鳌山卫5千米，距青岛市中心仅45分钟车程。

项目地形北高南低，两边高中间低，地形起伏，南部环抱了温泉镇唯一一个自然生态湖泊。项目结合地形地貌特点以及完全原生态的自然环境，打造以意大利托斯卡纳风情为主题的温泉联排别墅。

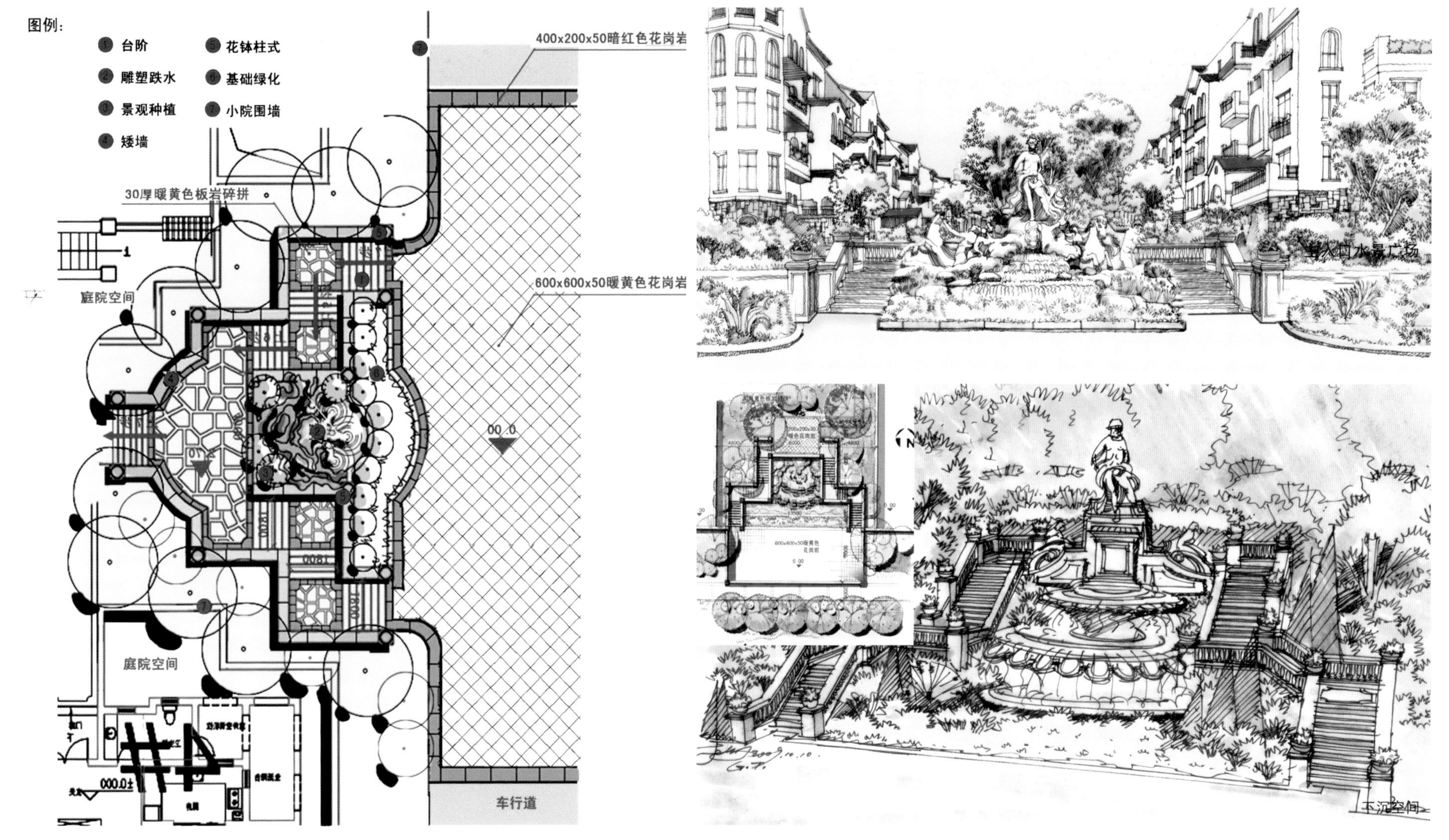

青建·橡树

二、建筑设计

青建·橄榄树作为一个传承和复制托斯卡纳生活精神的浪漫家园，是由阳光、泥土、空气、坡地所构筑的精神乐土。建筑汲取了意大利著名风情小镇托斯卡纳原版建筑元素和灵感，利用原生地貌，让建筑错落有致排布，保证每个建筑单体具备充足的日照、采光、通风和观景；依托温泉镇独特的自然海水温泉资源与地理优势，建设以欧洲风格为主的高档别墅与花园洋房。

三、景观设计

在景观设计方面，协调建筑与景观的风格，使之和谐统一，采用了多层次立体化的种植方式。整个园林景观的构造多采用成品植被，垂直绿化，以高大的墨绿色植被为背景，浅绿色草坪为基础。中间穿插种植四季百余种花卉，保证四季皆景的居住环境。加上完全“人车分流”的设计，让居住者安享绿色生态社区。

卡纳湖谷二期，中国宁波

项目资料				
项目地址：中国浙江省宁波市	/ 占地面积：96 442平方米	/ 总建筑面积：70 000平方米	/ 容积率：0.485	/ 绿化率：32.6%
建筑密度：23.9%	/ 开发商：华润置地有限公司	/ 设计单位：DC国际	/ 主要设计人员：平刚，揭涌，白云	

项目说明

本工程为卡纳湖谷二期项目。卡纳湖谷总用地面积317 155平方米，其中二期用地面积96 442平方米，总建筑面积70 000平方米。

该地块位于东钱湖镇寨基村东南面，北临环湖南路，东、西、南三面环山，用地现场大部分为原东钱湖野生动物园基地，以缓坡地、草地为主，无拆迁难度。用地范围外有一座80 000平方米左右的小山包和一座40 000平方米左右的水库，被租用70年作为小区内部的景观。

一、总平面布置

本方案精心布局设计，力求打造有一定规模、高品质，原生态的高标准社区形象，充分利用地块内现状生态资源，结合现有水库以及自然山体景观，营造山、水、林、湖、居相依共生的亲密关系。小区规划突出整体一致性，空间组织与建筑风格相协调统一，同时实现了邻里空间的灵活性、私人空间的私密性和各功能区域的空间布局合理性。

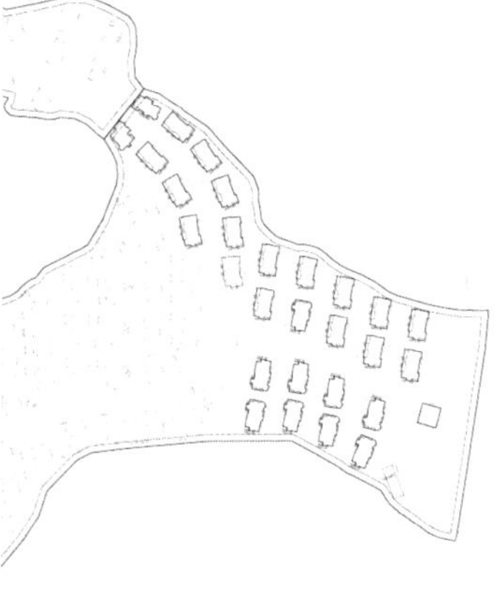

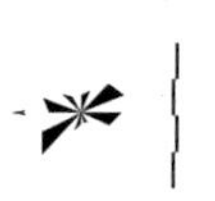

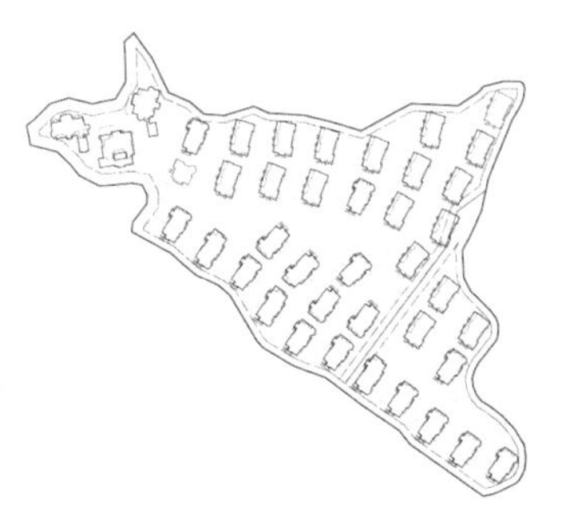

总平面图

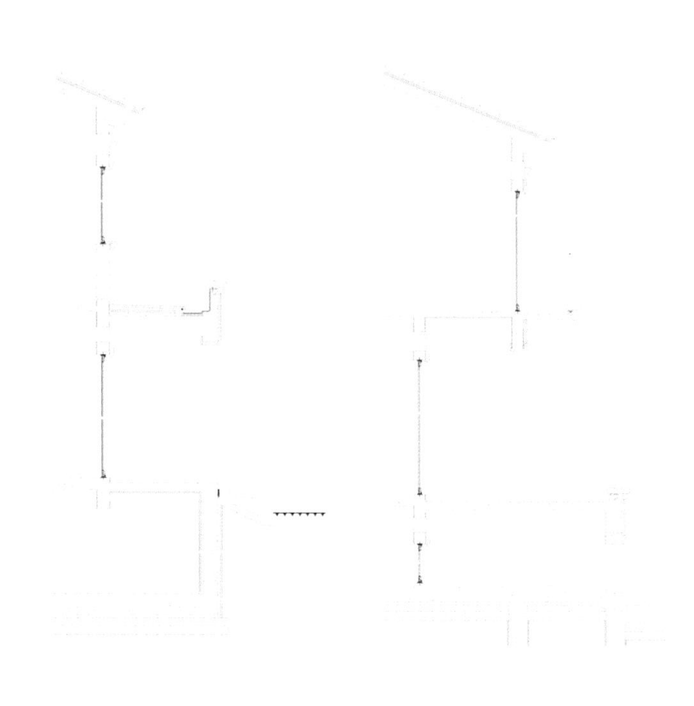

在充分研究业主的需求和周边大环境的前提下，“卡纳湖谷二期”项目将成为创意新颖、主题突出、技术合理、与自然环境融合的高品质的高尚社区，它不仅能够满足人们的居住生活要求，更注重人们在文化、心理上对于“家”的热爱。

住宅区内不规则的环行车行道路构成了其主要的路网结构，自然渗透于各地块内的人工水系构成其景观轴线。通过道路系统与景观系统的结合，提高户型的均好性与私密感，充分体现低密度高尚社区的品质。车行主路采用流畅的舒展曲线形式设计，又体现依山就势的自然生态形的规划思想。

小区的特色不是平面形式的花哨，更重要的是空间形式的组合、单体的设计及形式的创意。本次规划注重特色塑造，无论是住宅还是公建，均融合富有个性的设计风格，手法多变。在整体格调统一的前提下，使形体塑造更具魅力。强调住区环境与建筑、单体与群体、空间与实体的整合性。注意住区环境、建筑群体与城市发展风貌的协调。中心水景、步行绿带、绿化节点等多层次富有人情味的生活场所的塑造，增强居民的归属感和自豪感。在提高土地经济效益的同时，因势利导，力求提高区内的环境质量标准，创造具有自然风貌的优美环境，形成绿树成荫、安逸雅致、舒适恬静的生活空间。

“卡纳湖谷二期”富有张力和深刻文化内涵的建筑造型设计和整体环境处理的独具匠心，使它具备鲜明的个性以及成熟的气质。以合理的规划设计、完美的建筑设计和高质量的生活配套设施来表达对人的关怀，使“以人为本”不只是一句口号，而且在居住区的每一细节上充分体现对人的尊重及关怀。

充分利用基地周边环境优美的特点以及小区内营造的大面积绿地，在规划布局和单体设计中采取相应的措施，保证最多的户数能享受到小区内外的景观绿化，创造出更加丰富的空间感受。

本次设计的另一个总体布局特点是强调各住户景观环境朝向及交通安宁度的“均好性”。一方面使从中心水景区域到组团中心再到宅间绿地等各景观节点尽可能多地覆盖和照顾到大多数住户；另一方面，各房型分布的位置与其所拥有的景观密切相关。对中心水景区域周边低层住宅，进行了特殊处理以强化对景观的利用。

另外，在设计中也着力将各景观节点均匀分布，并形成各节点之间的沟通和有机的联系，各住户也在由此而形成的丰富而富于变化的环境空间中真正得益。

二、设计原则

本方案力求突出住宅产品的舒适性、变化性及景观的均好性。整体布局依山就势又富于灵活变化。住宅产品保持良好的通风、采光及景观效果，充分体现山景住宅、水景住宅、湖景住宅的独特主题。

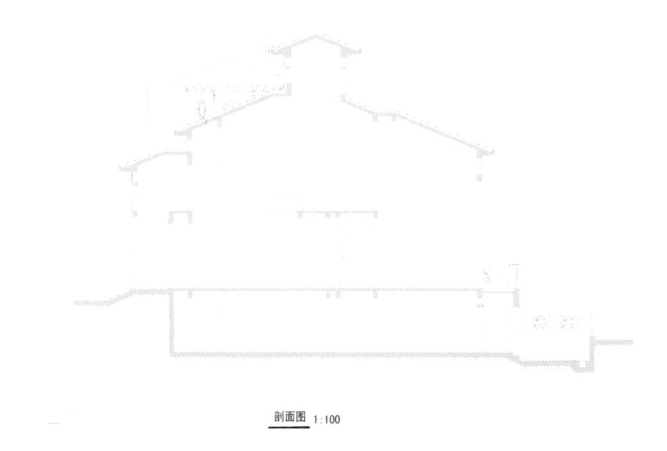

剖面图 1:100

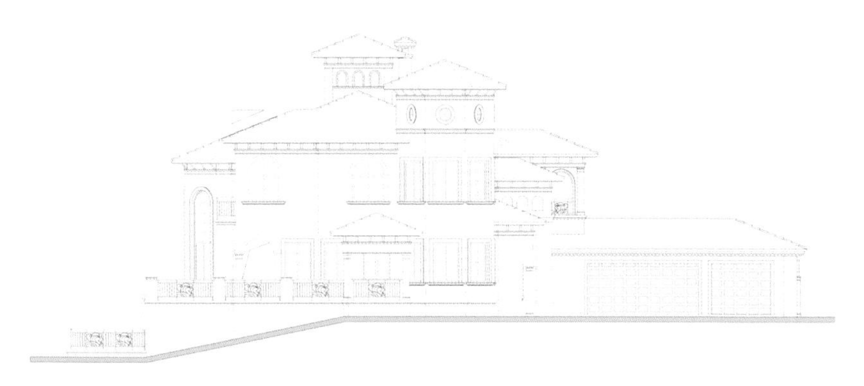

立面图 1:100

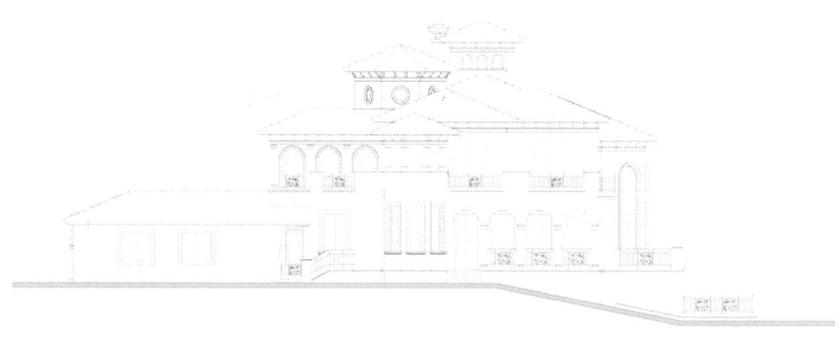

立面图 1:100

根据方案特点，在设计时做到功能分区明确，充分利用自然的通风和采光，对影响立面效果的VRV空调室外机和水管做到合理的隐藏，合理地使用材料和控制开窗面积，使建筑物符合节能要求；合理安排设备用房，以做到节约面积，管线合理。

三. 建筑设计

1. 建筑功能

本项目低层住宅为2~3层。住宅部分层高为3.2~3.6米。

2. 低层住宅户型设计

（1）_最大限度地引入阳光。阳光是万物生机的源泉也是人心理健康不可或缺的重要元素。地下室部分在其南侧做下沉庭院，保证地下室也能够享受充足的阳光及良好的通风。

（2）_在每户入口处，平均设置2个以上停车位，方便住户的使用。

（3）_进户设适度的过渡空间，并在入口处结合贮藏空间，避免开门见厅，营造了良好的空间层次。

（4）_起居室部分两层通高，使其内部空间显得大气且高贵。

（5）_所有户型设计以生活动线和外部环境景观为依据进行设计，使用时满足生活和观景的要求。房型布置充分考虑到居住于其中的人们的生活需要，做到动静分离，内外分离，各使用空间的有机组合形成合理的功能空间。

（6）_所有厨房均设集中排烟道，卫生间设集中管井，避免管线明露。

（7）_结合立面造型，预留VRV空调室外机位置。

（8）_所有房间保证足够的窗地比。

（9）_低层住宅顶层 设置大面积露台。

3. 立面造型

（1）_业主对建筑的风格和品位提出了要求，希望其成为该地区的样板，代表这一区域的城市形象，并能够和该区域的整体建筑风格达到协调统一。故低层住宅风格确定为南加州风格。

（2）_在低层住宅造型设计中，色彩搭配淡雅大方，坡屋面、淡黄色墙面以及砂岩墙面的运用集中体现南加州建筑风格的特性，使其能够很好地融入整个东钱湖旅游度假区的旅游度假的氛围之中，与周边景观协调，使人与自然完美地结合起来，为东钱湖区提供轮廓丰富、层次变化的一道天际线。

以高贵、典雅、充满动感的风格形成了清新而鲜明的个性，给居民以强烈的感染。

在形体处理上注重高低错落与体型的变化，低层住宅突出体现建筑的体量感及住宅建筑的特性，材料以涂料、砂岩为主。

建筑细节的变化，坡屋顶高低的错落，使每个单元成了音乐中的一小段乐章。

而大量不同单元或者相同单元的不断拼接和变化，使整个小区成了一首灵动的乐曲，在蓝天和绿树间奏响。

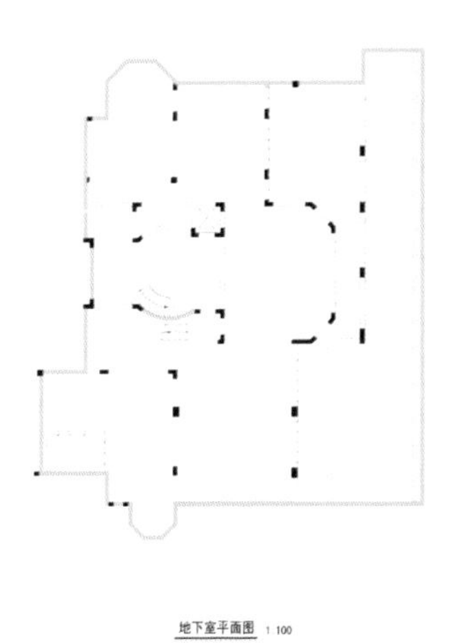

地下室平面图 1:100

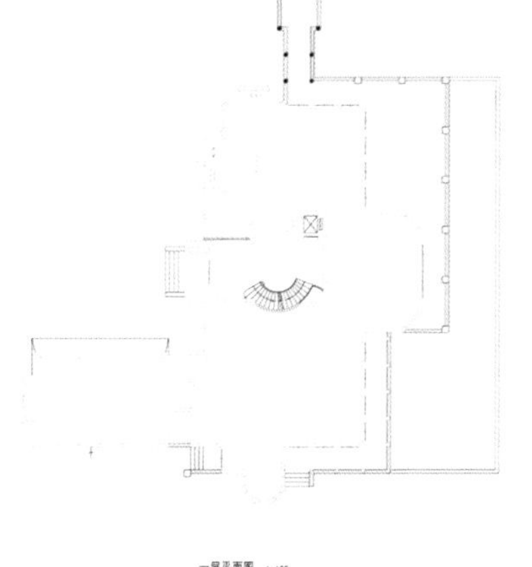

一层平面图 1:100

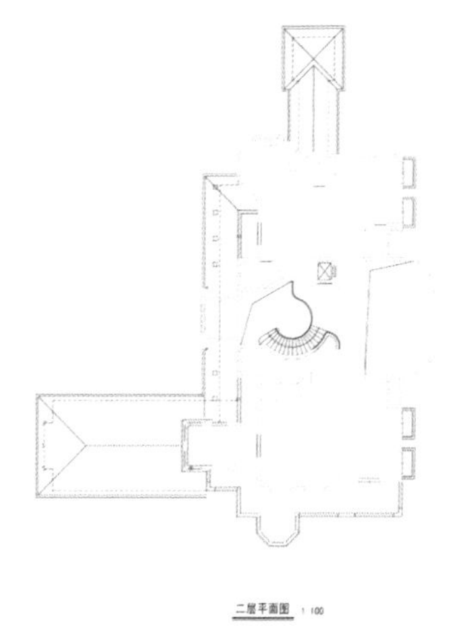

二层平面图 1:100

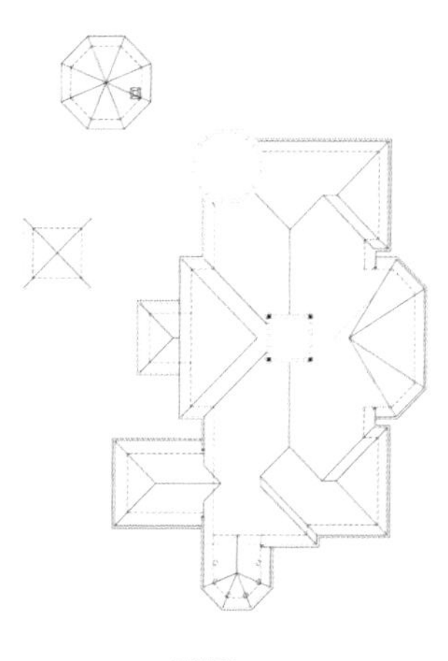

屋顶平面图 1:100

龙湖原山合院别墅，中国常州

项目资料			
项目地址：江苏省常州市	/占地面积：507 200平方米	/地上建筑面积：311541平方米	/容积率：1.0
开发商：龙湖集团	/设计团队：水石国际	/建筑设计：上海水石建筑规划设计有限公司	/规划设计：江苏筑森建筑设计有限公司
景观设计：上海魏玛景观规划设计有限公司			

项目说明

一、总体规划

地块位于常州市东支河以西，北塘河以北，东经120路以东、河海东路以南，规划总用地507 200平方米。地上建筑面积311 541平方米，其中高层135 104平方米，低层167 226平方米。商业街公建配套9 211平方米。容积率1.0。居住户数1 222户。

项目结合建筑用地的特点，巧妙地利用了中国传统合院的形态，创造性地设计出了四合院，不仅形态上匠心独运，突破了常见的联排住宅，而且实实在在地增加了建筑面积，提高了容积率，从而大大提高了土地的利用价值。

在合院的组合方式上，合院以一个单元为基本形，变化出全开敞和半开敞的不同形式，不仅让产品变得丰富多样，而且多样化单元的组合，使之对场地有更好的适应性，提高了对不利户型的溢价。

二、设计理念

“邻国相望，鸡犬之声相闻，民至老死不相往来”，这原是老子描绘的朴实的上古社会，却被日益物质化的现代都市生活演绎成邻里生活的疏离与漠然。“阡陌交通，鸡犬相闻。其中往来种作……黄发垂髫，并怡然自乐”，这样的家园令人无限憧憬。

龙湖原山项目通过合院的处理，旨在设计一个便于邻里沟通、促成邻里间亲密交往的院落空间；在这个公共的大院落里，孩子不再孤单，可以三五成群、追逐打闹、结伴嬉戏；老人不再寂寞，可以含饴弄孙、漫谈山海、煮茶对弈；动静皆宜，各取所需，其乐融融。

三、功能设计

每个合院的分布如“口”字形，由两侧6套类独栋别墅，中部上下两组双拼别墅组成。每户面积约300平方米，地上三层，地下一层。

每户注意在垂直和水平两个维度上的功能分区：前庭后院，体验花园式入户；动静、洁污分离，一层为客厅、餐室，二层以上为南向卧室，阳光充沛；同时通过退台处理，生成宽大的露台，扩出间距的同时丰富了造型；并且露台作为半室外的灰空间，减少了两家卧室的对望，保证了私密性。

地下空间也做了用心处理：首先5.8米的层高，可以分为两层使用，有效提高了利用空间；同时通过公共下沉庭院、私家下沉庭院和采光井的设置，得到充足的自然采光，打造出“全明”地下室；另外下沉庭院也解决了传统地下室卫生间下水的难题。

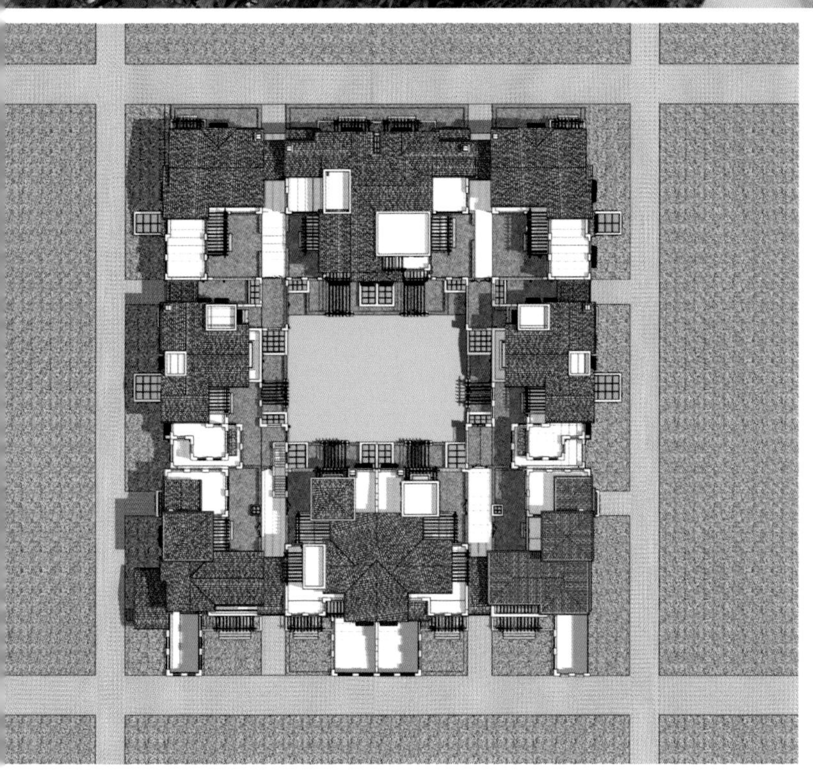

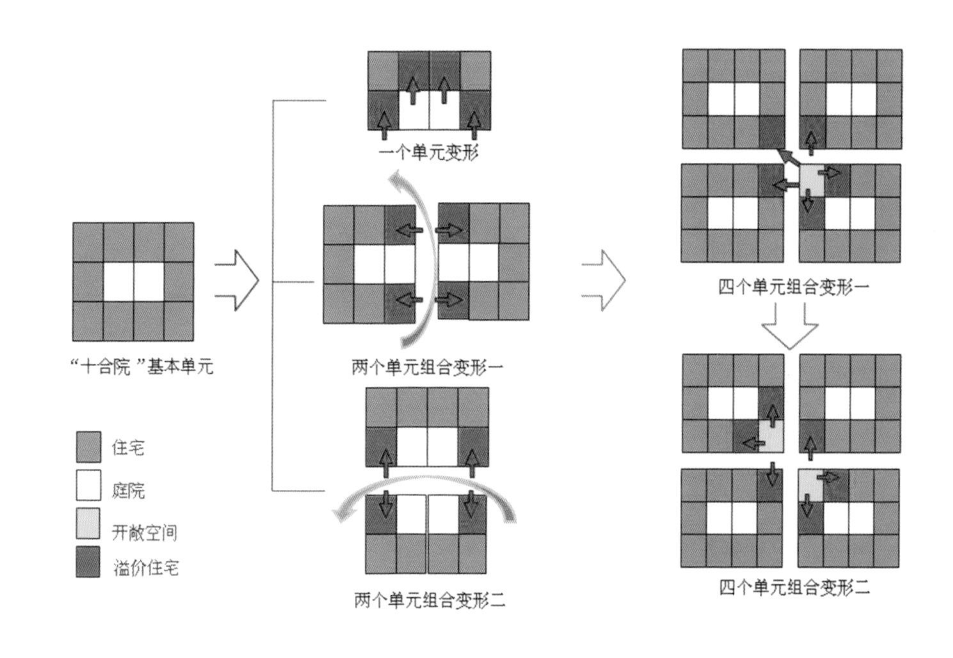
一个单元变形
"十合院"基本单元
两个单元组合变形一
两个单元组合变形二
四个单元组合变形一
四个单元组合变形二
住宅
庭院
开敞空间
溢价住宅

十合院南剖立面图1：100

十合院东立面图1：100

十合院北立面图1：100

十合院西立面图1：100

十合院 I - I 剖面图

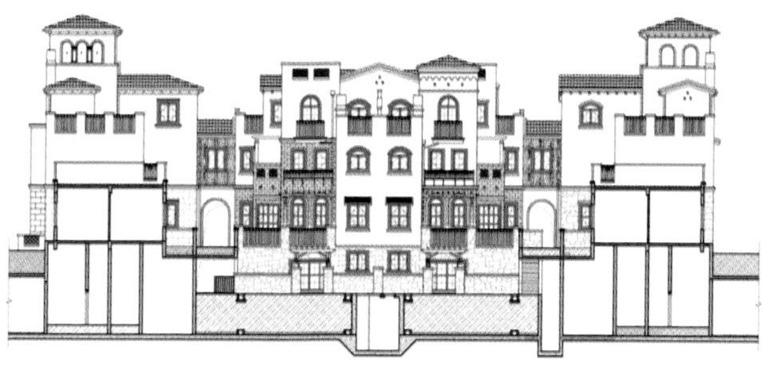

十合院 II - II 剖面图1:100

四、空间设计

合院别墅围合成的院落，给邻里带来了交流的空间。合院拉近邻里关系的同时，也不可避免地引出公共和私密的矛盾。为此，本案通过对立体空间进行过渡性处理，解决矛盾。

水平空间组织上，由内到外依次递阶分划为私密的内部居住空间、半私密私家花园及全开放的中心庭院，让公共和私密有良好的衔接。垂直空间上，由下到上则错落成地下室、下沉庭院、公共庭院、一层入户花园、室内空间、大露台。

让不同标高的空间过渡，经纬交织，层层相系，既形成了一个尺度宜人、氛围亲切的邻里交流空间，又同时保证了各家各户的个性和隐私，把握住了隐与显、公与私间的尺度。

五、立面设计

项目设计以温暖宜人的地中海风格为蓝本，借鉴了充满田园气息的托斯卡纳、热情奔放的西班牙、高贵典雅的意大利三种建筑风格，将其巧妙地融合在一起，形成了多样的材质机理、缤纷的色彩以及优美丰富的造型。不同的立面风格，不同的细部设计，使建筑拥有了不同的表情，彰显出非凡的个性。

同时在方案的还原度上，凭借成熟的立面效果控制体系，精确控制了外立面施工的细节尺度及色彩搭配，并且在不同的合院组团的细节处理中加入不同的人文符号，增强建筑的标志和归属感，在体现尊贵的同时，也弥漫了浓浓的人情味和温馨感。

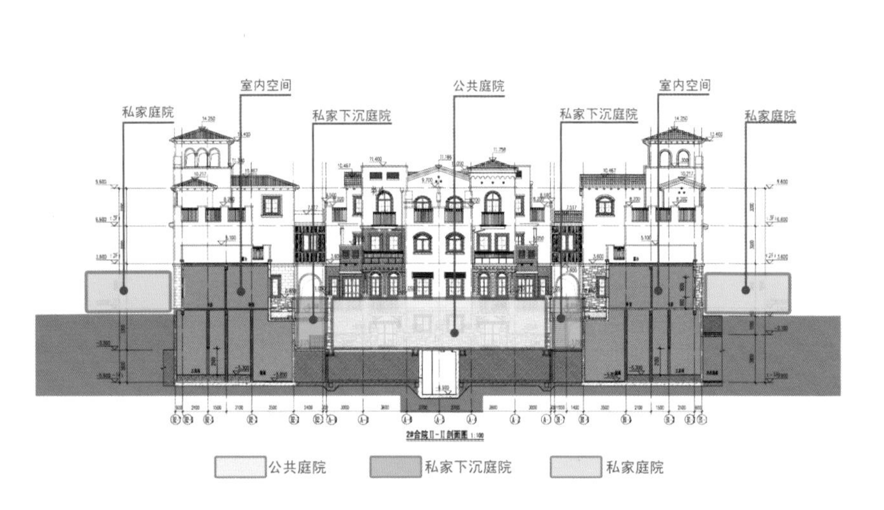

私家庭院
室内空间
私家下沉庭院
公共庭院
私家下沉庭院
室内空间
私家庭院
公共庭院
私家下沉庭院
私家庭院

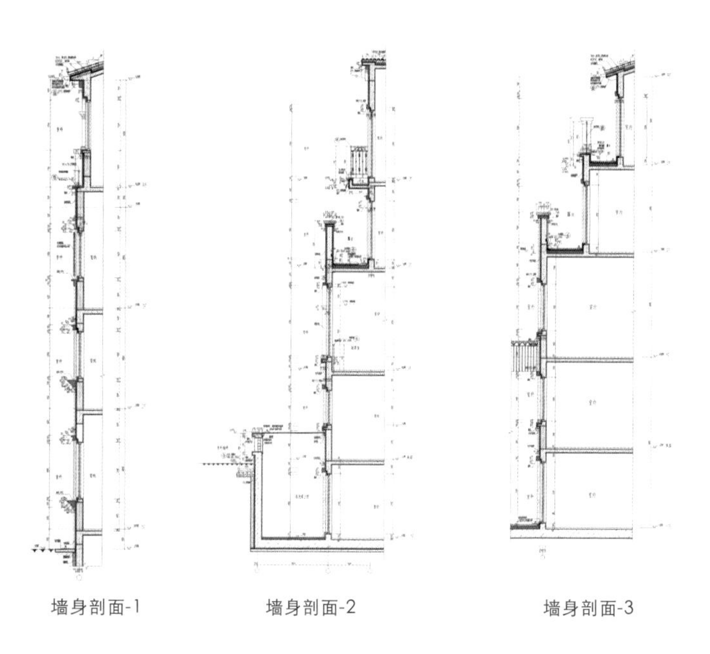

墙身剖面-1　　墙身剖面-2　　墙身剖面-3

六、景观设计

在景观设计中，延续了建筑设计的浓郁地中海风情；通过运用中国传统园林的叠山理水，堆土造坡的手法，因地制宜，合理地使用地块原有的自然生态资源，将阳光、水系、植物、坡地的融合演绎到淋漓。

庭院内外，通过纹理感很强的硬质铺地与软性草地花圃配合的韵律，曲折通幽的小径和笔直畅达的林荫道的联系，遍植的花卉和阔大的乔木的对比，不仅美化了居住环境，同时高低错落、五彩缤纷的植物也形成了软性的围隔，屏挡了视线，让美在蜿蜒中缓缓传递。

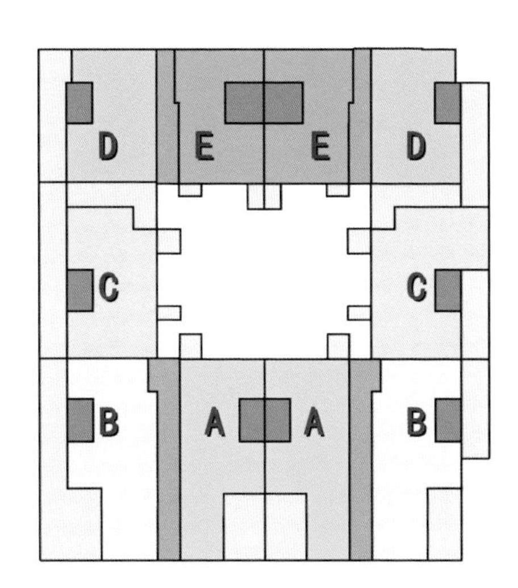

地下层示意图

七、户型设计

以院落为核心来组织空间，拉近邻里关系的同时也保有自家的隐私，实现都市中真正的院落生活。

1.空间院落，绿色生活

每户一层均享有两个庭院入户花园和家庭花园，地下层设下沉庭院并与公共庭院相接；二层以上均退出大露台，种上绿化便为空中花园。项目通过对不同标高的庭院做立体化设计，给住户带来绿色健康的阳光生活。

2.功能合理，动静分明

地下室配备两个车位，与每户地下空间相连，入库即回家，体验真正的私家车位的尊贵。一层设置会客厅和餐厅，与前庭后院相接，阳光充足，视野开阔。

二层以上为卧室区，通过全套房设计，让家庭的每位成员都拥有独立的空间。三层为主卧区，拥有独立的卫生间、更衣室及书房，并配有大尺度的露台。

3.地下空间，地上生活

地下室层高5.8米，可有效分隔为两层，附送面积大。同时地下室通过地下庭院及采光井得到充足的采光通风，形成全明地下室，品质较高。

另外通过地下夹层的理性设计，衍出了下沉庭院，并与公共庭院相接，促成公共与私密之间的婉转过度，让地下室成为家庭娱乐的理想场所。

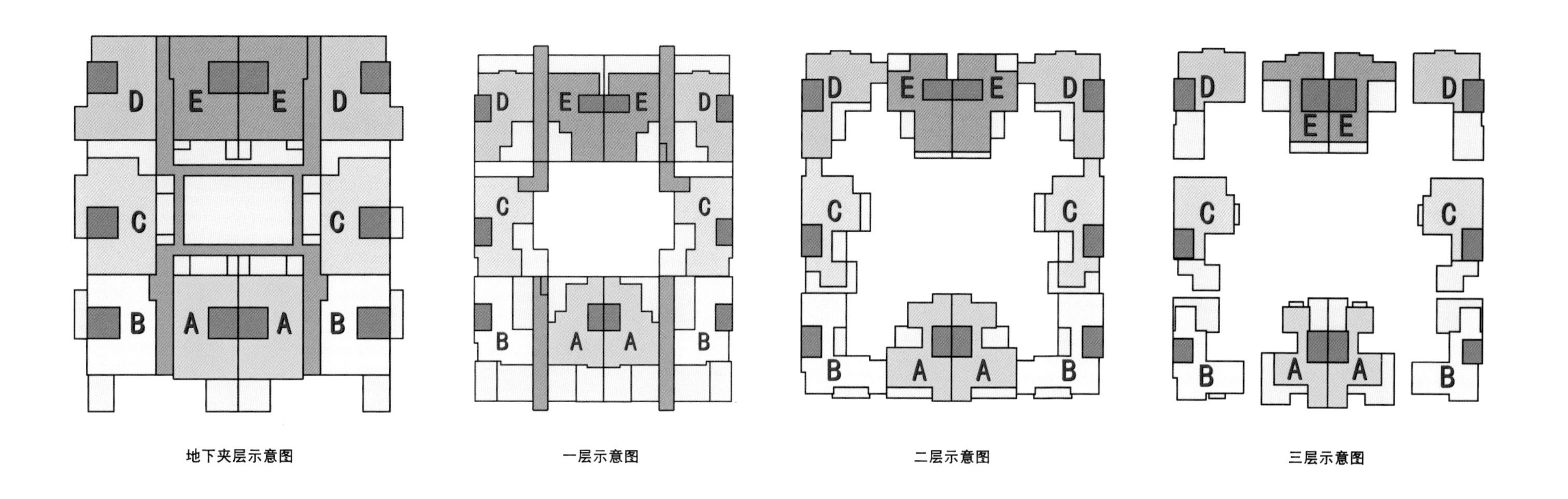

地下夹层示意图　　一层示意图　　二层示意图　　三层示意图

九曲香溪国际旅游度假村，中国武夷山

项目资料
项目地址：中国福建省武夷山市　/占地面积：106 667平方米　/总建筑面积：78 436.9平方米　/容积率：0.6　绿化率：55%
设计单位：法国C&P(喜邦)建筑设计公司　/主要设计人员：魏黎华，庄秀英

项目说明

武夷山九曲香溪国际旅游度假村位于武夷山市度假区的核心地带，处于度假区1号路西侧，东临大王峰路（原武夷大道1#路），西临崇阳溪，南侧为吴觉农茶叶大观园，属低密度住宅开发项目用地，整个地块呈较规则梯形。项目周边交通十分便捷，至武夷山机场车程约6分钟，至武夷山景区车程约10分钟，至武夷山市区车程约8分钟。

一、建筑空间形态

取武夷民居特色，建筑群体的聚散融合，景观环境的浓墨淡彩，共同营造出亲山亲水，各自所需的休闲生活空间。自然山水空间与建筑空间的相互交融，空间尺度与旅居者自身的密切关系，营造出亲切宜人的田园文化休闲空间。

总体鸟瞰图

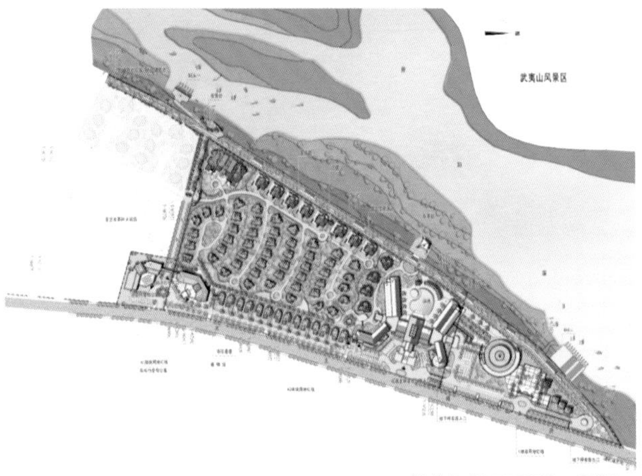

总体规划平面图1：2500

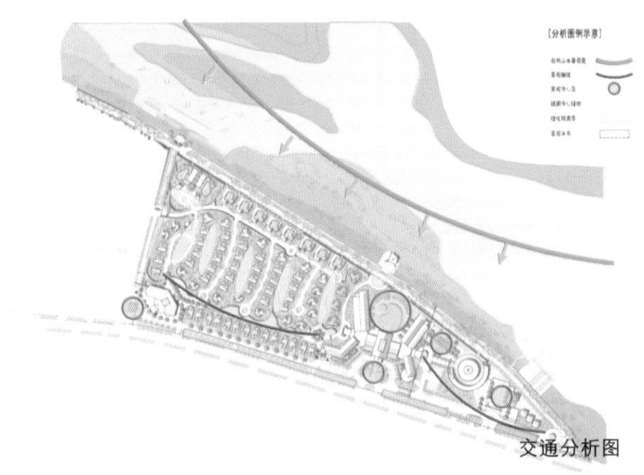

交通分析图

功能区块分析图　　景观绿化分析图　　A3地块用地分析图

度假公寓透视图二

度假公寓透视图一

二、建筑质感

找寻传统民居的建筑质感，设计倾向于用现代建筑语言描绘白墙灰瓦及红砖石材、本色木构，配以钢材与玻璃的轻盈体块，既体现亲山亲水的休闲居住气氛，又不失其时代特性。

三、建筑功能

涵盖其中的多种生活功能，度假公寓区、附属配套区、独立住宅区、绿化广场区等相辅相成，使居者在悠然天成的自然中，体味新的生活理念和生活态度，享受安适自如的生活意境。各区间的相互交流营造出山庄居于武夷山旁，崇阳溪边的人文气息。

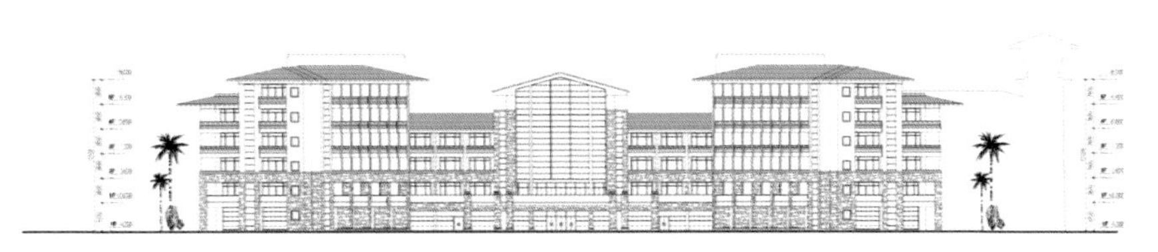

背立面图 1:400　　公寓立面1

正立面图 1:400　　公寓立面2

丹山别院

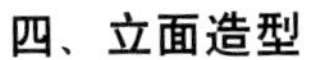

四、立面造型

1.独立住宅

独立住宅在风格主要采用凝重与轻巧的质感对比，形成古朴自然的田园风情，屋顶统一都采用红瓦和灰瓦，外立面以黄色文化石和当地红色石材贴面为主，小面积使用黑色石材，点缀上木质的窗棂，显得大方、舒展。外墙涂料，色彩以米黄色为主，底层则采用较为稳重的石材饰面，配合局部线脚的精细处理，使建筑物在蓝色的天空、茂盛的绿树衬托下显得清新、高雅。注重细部的设计与处理，为使建筑更能体现与人的亲和关系，在细部处理上强调实用与美化相结合，包括空调位置的合理设计与美化，凸窗的做法等细节均进行深入设计，以求得建筑更符合现代人的审美观需求。

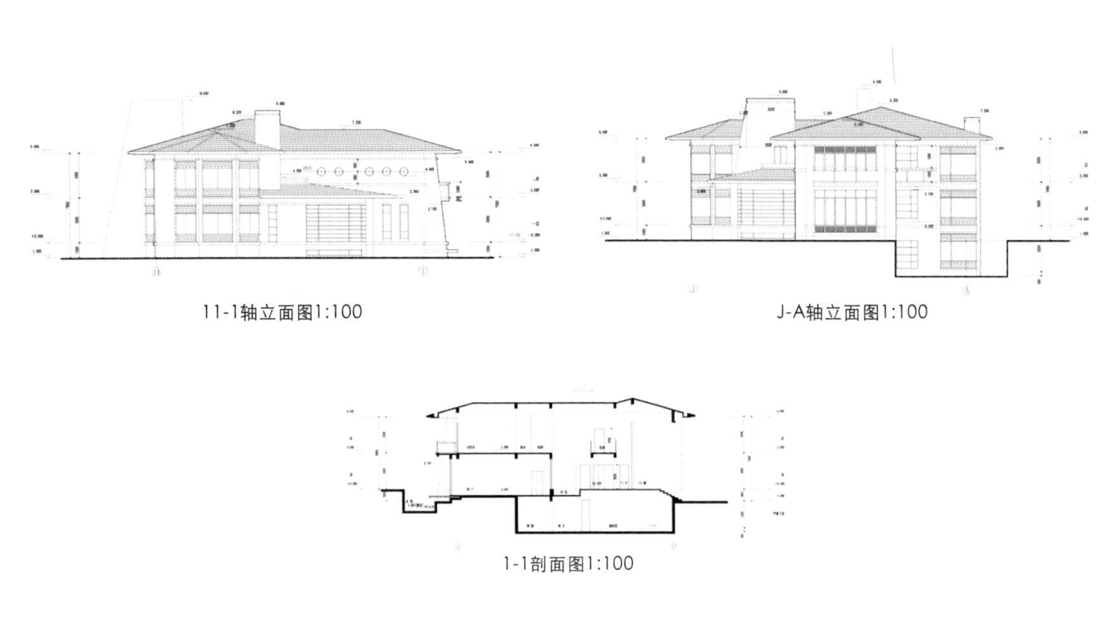

11-1轴立面图1:100

J-A轴立面图1:100

1-1剖面图1:100

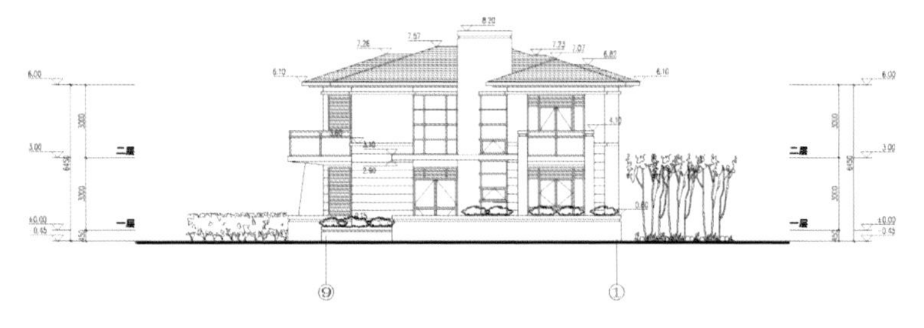

9-1轴立面图1：150

1-9轴立面图1：150

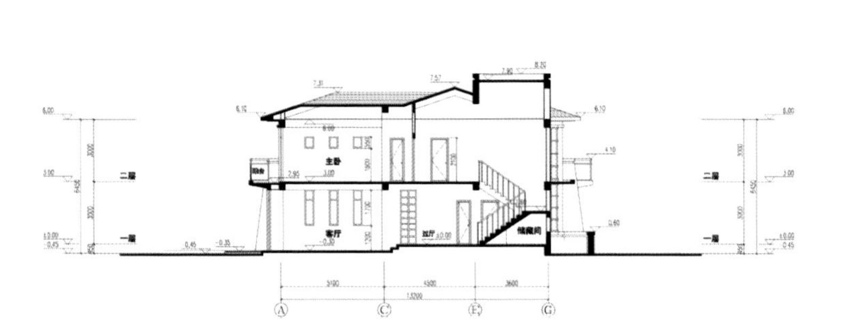

1-1剖面图1：150

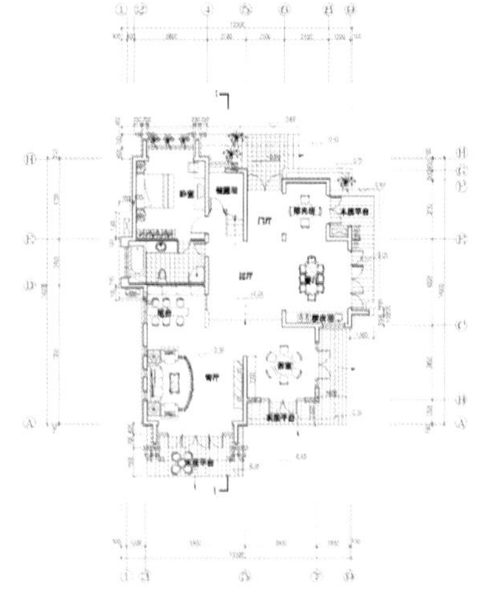

一层平面图 1：50
一层建筑面积：142.01m²
总建筑面积：274.31m²

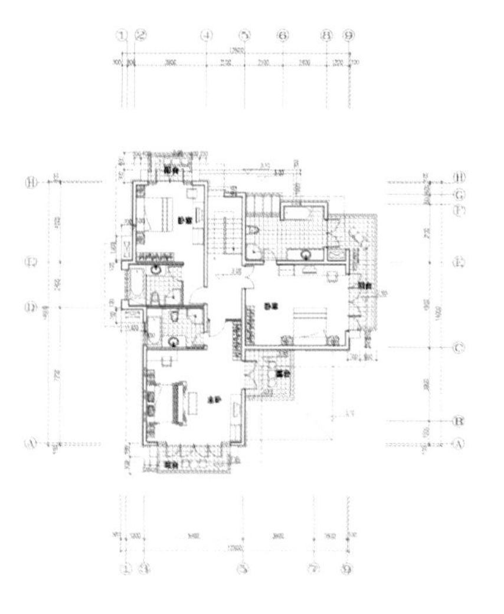

二层平面图 1：150

B2型（A）地下层平面图1：100
地下层建筑面积：163.78m²

B2型（A）一层平面图1：100
一层建筑面积：171.97m²
总建筑面积：473.63m²

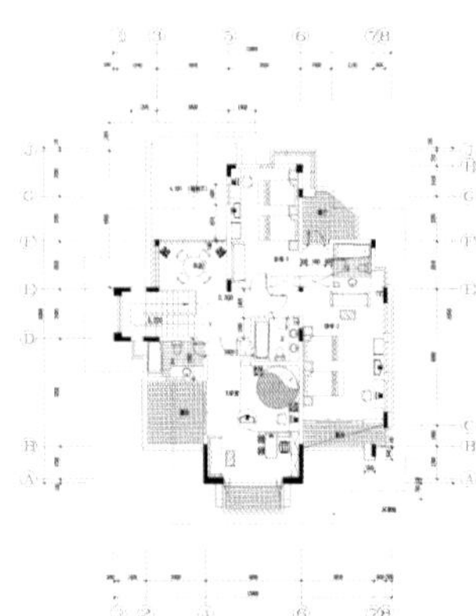

B2型（A）二层平面图1：100
二层建筑面积：134.71m²

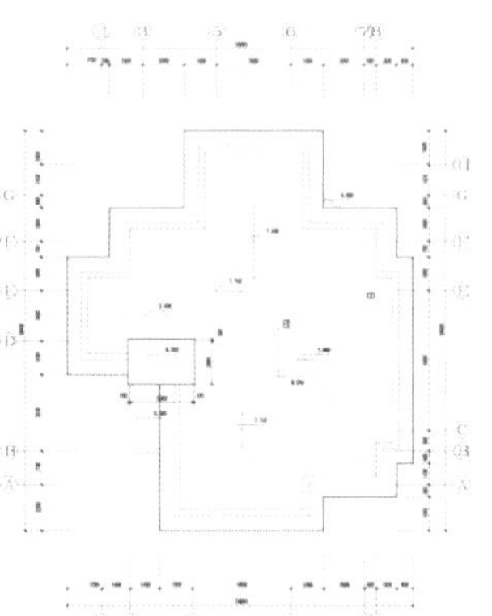

B2型（A）屋顶层平面图1：100
二层建筑面积：134.71m²

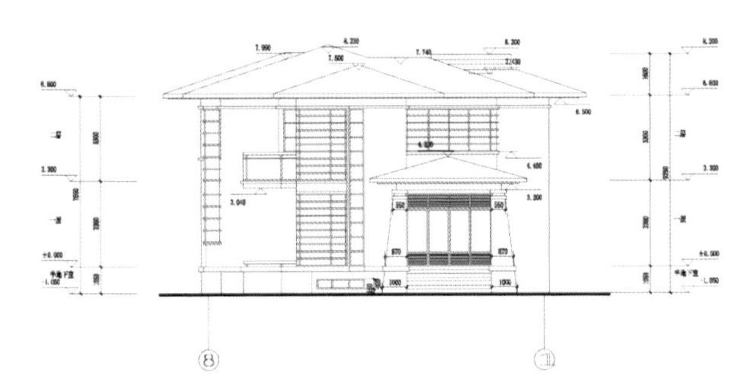

8-1轴立面图1：100

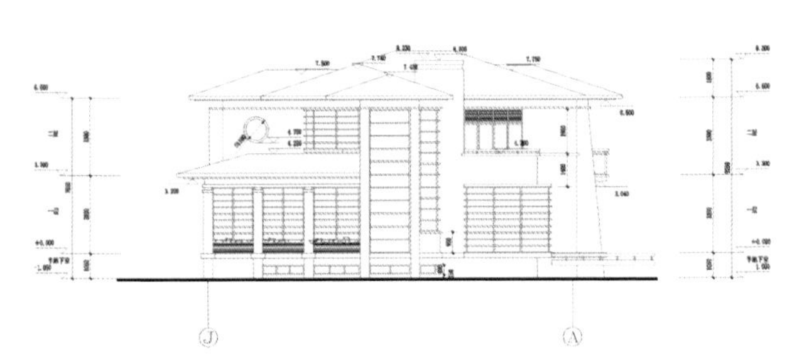

J-A轴立面图1：100

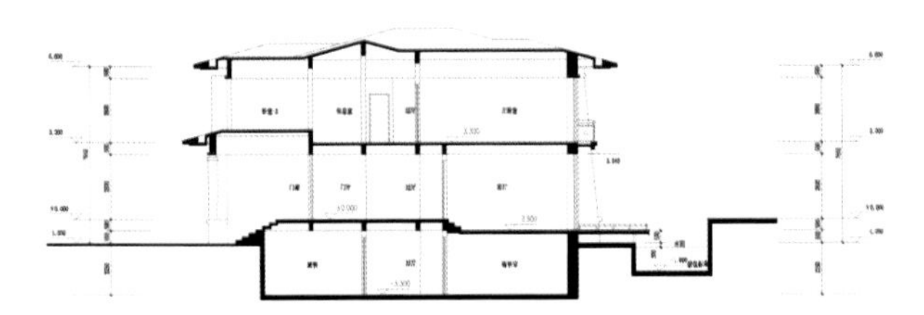

1-1平面图1：100

总建筑面积：806.98m²
一层建筑面积：297.92m²

二层建筑面积：247.25m²

B3型独立住宅

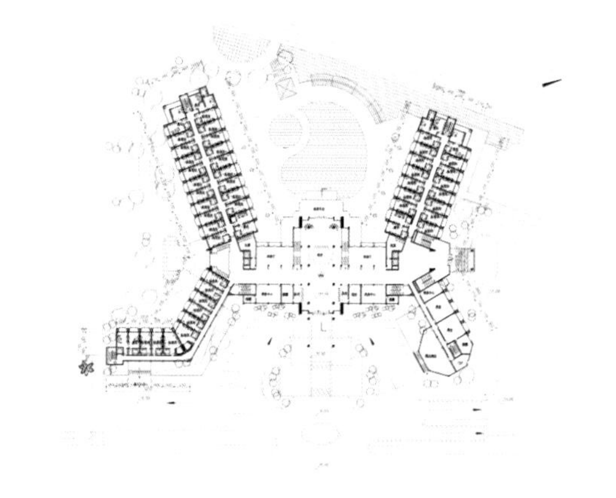

一层平面图1：600
面积：4870.3m²

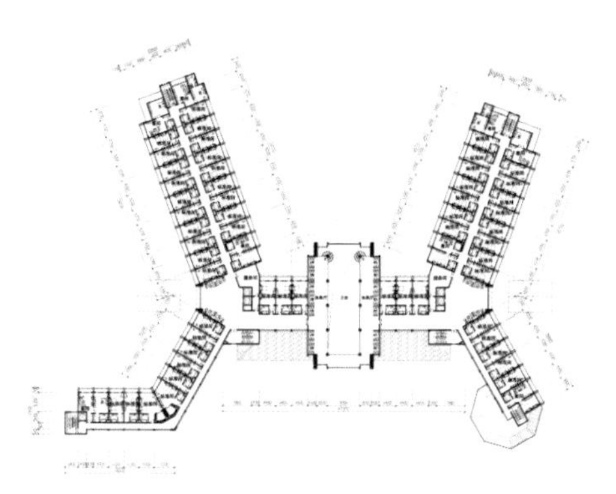

二层平面图1：600
面积：4139.0m²

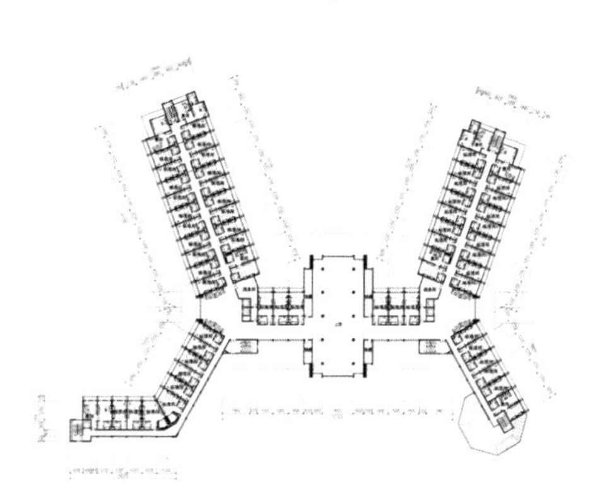

三层平面图1：600
面积：3908.9m²

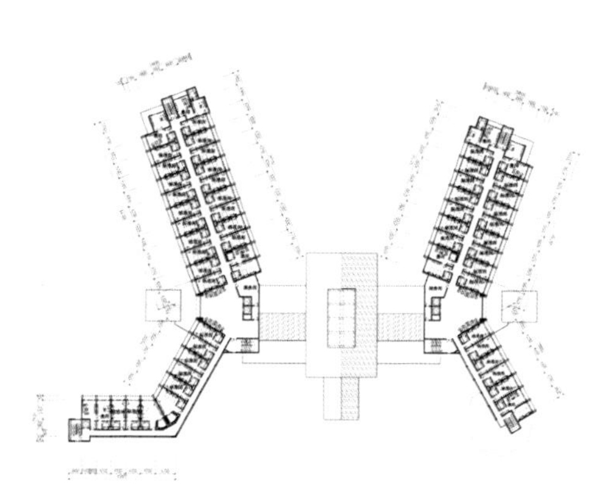

四层平面图1：600
面积：3337.0m²

2.度假公寓区及精品小别墅型商业区、绿化广场区

单体建筑设计充分利用了当地的建筑材料和建筑风格特征，并借鉴和引用了当地民居的建筑形式，以院落式园林式空间手法进行设计。轻巧的木格栅，浑厚粗旷的石材砌块，与周围环境有机结合在一起。建筑体量化整为零，高低错落，或大或小，结合景观树种，水流和周边的山体河流交融一起。

五、交通流线

设计上的人车分流，在满足各流线便捷通畅的同时，让旅居者与自然山水的交流更为和谐，充分享受更具亲和感的自然元素。

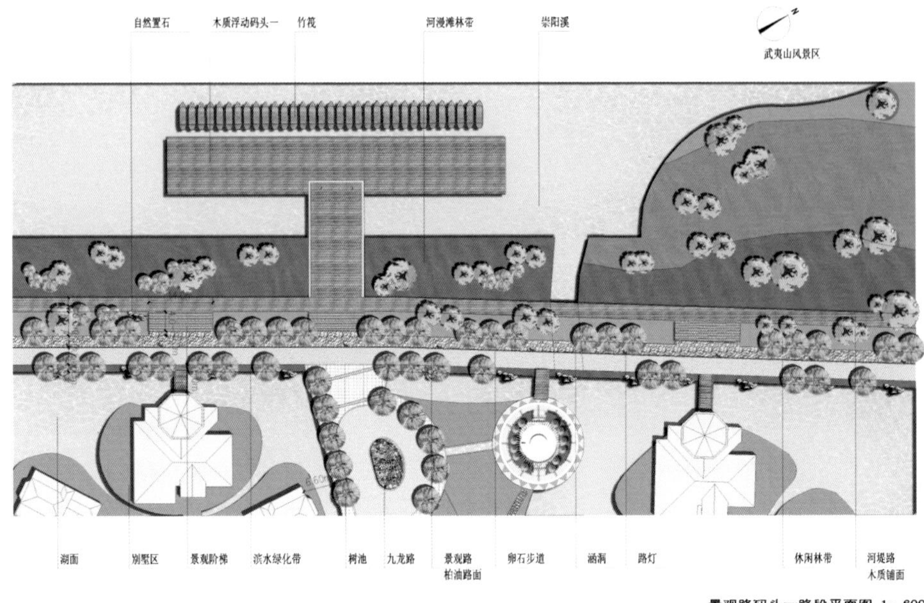

景观路码头一路段平面图 1：600

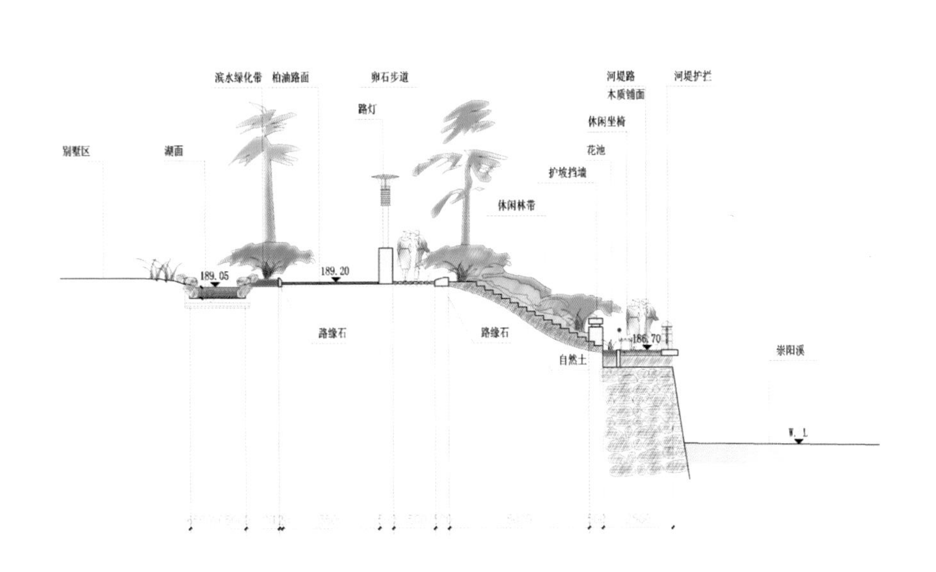

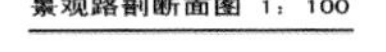

景观路剖断面图 1：100

景观透视图

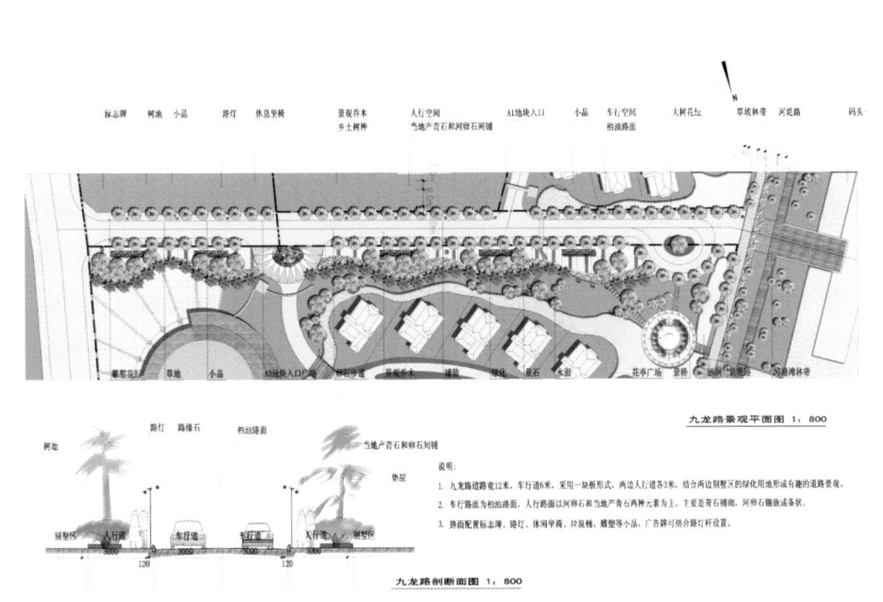

九龙路景观平面图 1：800

九龙路剖断面图 1：800

万通·天竺新新家园，中国北京

项目资料			
项目地址：中国北京市	/占地面积：249828.59平方米	/总建筑面积：333553平方米	/景观设计面积：140000平方米
开发商：北京广厦富城置业有限公司	/设计单位：北京墨臣建筑设计事务所 奥雅设计集团		

项目说明

一、项目概况

天竺新新家园项目用地位于北京市顺义区天竺镇薛大人庄村，顺义新城25街区内，南至花园二路，西邻天竺花园（一期）和花园西街，北至天竺镇府前一街，东至天柱东路延长线。总用地面积249 828.59平方米，其中总建设用地面积215 263.851平方米，代征城市公共用地面积34564.739平方米，用地性质为居住兼公共设施用地。

项目用地东南呈近似长方形，西北侧边界呈不规则斜向，与天竺花园一期相邻。地势基本平坦，北高南低，高差约2米，适合开发与居住。用地东西最长处约750米，南北最宽处约470米，用地南侧规划为住宅区；西北侧与天竺花园一期相邻；西侧规划为商业区。建筑退让北侧府前一街、东侧天柱东路、南侧花园二路、西侧花园西街道路红线距离不小于10米，退让西北侧用地边界距离不小于5米。按规划要求，在用地西南角规划了福利院和幼儿园。

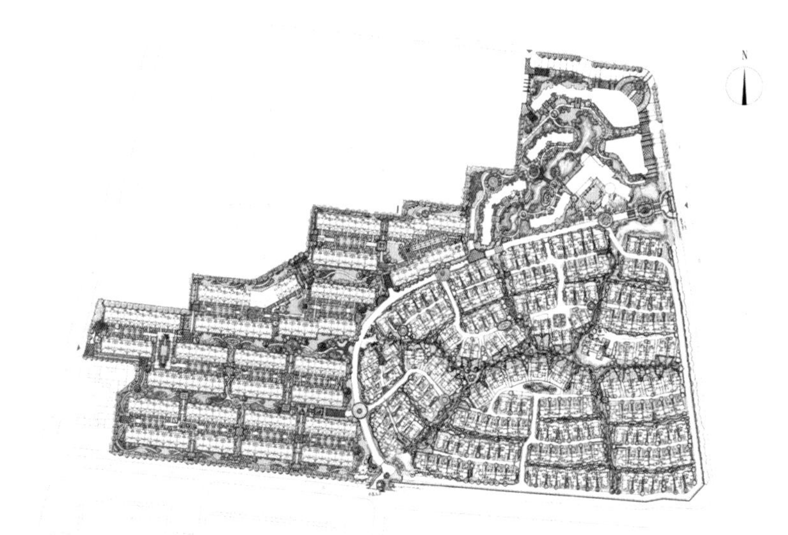

项目设计成为集合了低层与高层住宅的低密度、高绿化社区，并规划了相应的公共配套服务设施。

二、规划理念

天竺新新家园的规划理念归根结底是四个字——以人为本。为“人”着想，从居民生活和心理要求出发，创造安静、优美、宜人的居住环境。以市场为导向，从实际出发，综合考虑社会、经济、环境三个效益。在创造自然风光的前提下，运用当代技术手段，体现新型高尚生态住宅小区特色。

三、整体规划分区与布局

一条蜿蜒呈弧形的7米宽的林荫主干道，连接了东侧与南侧主入口，与不规则的西北侧边界一起，将小区分成了三个规划分区，分别布置两种住宅产品。小区中共有两种主要的住宅类型：一区及二区为二至三层的联排住宅，户型地上建筑面积为211至310平方米；三区为十五层的板式高层电梯住宅，户型面积为150至200平方米。不同户型产品尽量分区布置，便于管理，并使对应客户产生归属感。

四、景观设计

创造以人为本的和谐生态居住社区，绿化与景观设计起到了决定性的作用。一区联排别墅的中央绿野景观带和放射状绿带，与三区高层住宅的中央水景景观带形成了环形的社区级景观格局。二区联排别墅设有横纵两向集中绿化，楼间设有组团级景观，两级景观区由多条林荫步行漫道连接在一起，形成绿色的网，网住阳光、空气、美景，也网住了美好的生活。多级绿化景观点、线、面相结合，景观小品与绿化交织，小桥流水相得益彰，多选本地树种花卉，三季有花，四季常绿。采用现代造园手法，古典园林内涵，彰显人文情怀。中央水景景观带中，绿草如茵的微坡草地、人行步道、幽谷溪流，交织成 田园牧歌的自然画卷，创造出社区的美好环境和人文情怀，关心着人们，陶冶着人们。

1.设计理念

社区规划疏朗的景观肌理，加之建筑配以浅米黄色石材和红瓦营造出极富特色的托斯卡纳风格，吸引那束穿透心扉的阳光。社区整体分三部分：高层区湖景，一区绿溪，二区花园。

2.分区景观设计

①高层区湖景

位于社区入口的湖景，雍容地表达了社区的热情与亲和，配以托斯卡纳式的建筑语言和舒展开朗的景观形式，呈现出住户精致优雅的生活情趣。

②一区绿溪

溪流环抱村落的景观处理模式，体现出住户恬淡自然的生活方式，迎合现代人追求宁静的心理状态，喧嚣中由溪流开辟出淡淡的休闲，让人沉迷，让人宁静而致远。由植物和自然溪流围合的私家庭院，形式质朴、景观卓越，沉稳内敛的社区风格随汩汩溪流不胫而走。

③二区花园

二区南着重打造纯正的乡村西班牙居住氛围，倡导高品质的生活体验空间，凸显院落生活情调，封闭的南院和开敞的北院被确定为最终的设计实施方向，

北院，将狭小的院落景观资源优势最大化，花园分享，景观分享，让业主的北花园成为令人满足和羡慕的景观。是半私密的花园。

南花园则结合高差变化，配合绿化实现软性封闭，院内结合地库柱梁配植乔灌木，较有效地阻碍垂直视觉干扰，形成独享的私密庭院，成为生活家的小天地。

公共景观巷道着力渲染托斯卡纳小镇风情，利用拱门形式提高单元的可识别性和导向性，为社区居民提供休闲、散步的风情巷道景观。

环绕二区的边沿绿化中，设置了一些景观功能场所，例如儿童活动区，休闲草坪，健身器械区域等，满足了一定的公共活动使用功能，

整个二区框架清晰，单元明确，景观布局合理，归属性，识别性均好，加上风情植物的配合，成就舒适惬意的生活家院落。

五、建筑设计

1.建筑单体设计

住宅建筑单体设计力求空间丰富，造型美观优雅，户型实用，并拥有独特的场所精神，与整体规划相得益彰。户型空间与周围景观环境密切相关，户型布局设计要最大限度的利用景观环境的价值。利用侧窗、落地窗、开敞阳台，使人毫无阻隔地拥抱自然。一区联排别墅共享中央景观带，其中的边户侧向拥有纵向景观带，并充分挖掘内院的价值。二区联排别墅南北围合成为院落，共享组团景观，回归四合院的生活体验。三区高层住宅围合大型集中水景绿化，居高临下，户户有景。

2.建筑立面设计

立面设计典雅精致。联排别墅的立面设计为典雅的地中海式风格，通过柔和的色彩变化、不同材质交错、体量凸凹起伏、古朴的彩瓦坡顶、木架和拱廊丰富的落影、精巧细腻的各种细部构件，共同编织在一起，形成浓郁的生活气息和迷人的田园风情，传递出极强的品质感。高层住宅的立面设计既与联排别墅具有内在的联系与呼应，又结合高层住宅自身的特点，形成新古典主义风格。坡屋顶与横向线脚呼应古典风格，传递品质感；凸窗与金属装饰构件凸显现代气息，与商务公寓及府前一街的气质相呼应。位于府前一街与天柱东路交叉口的商务公寓与紧邻府前一街的高层住宅，表现为现代风格，米黄色的石材、丰富的立面构成、时尚现代的设计手法、玻璃幕墙与金属板的应用，传递出既现代时尚又优雅沉稳的现代化公共建筑气质，与府前一街整体风貌协调统一。

3.户型设计

户型设计独具特色。二至三层联排别墅，首层3.3米，客厅局部3.75米，二层3.2米，顶层利用坡屋顶高度，通过层高充分体现尊贵居住感受。平面开阔舒适，功能齐全，分区明确。考虑本区域潜在客户的国际背景，户型设计充分考虑了欧美生活习惯的特点，建筑平面与立面表里如一。地下室功能齐全，设下沉庭院解决地下层采光，与地面私家庭院相结合。十五层住宅为一梯两户的板式景观户型。动静分区、南北通透、户户朝阳、户型实用、交通便捷、格局方正。端单元充分利用山墙面开窗观景采光，极大地丰富了立面造型和内部空间。

4.建筑环保设计

住宅设计注重环保节能和可持续发展理念，体型系数小，注重墙体与门窗的保温节能，坡屋顶隔热，由于处于空港周边，外窗加强隔噪处理，为居住尽力创造一切有利条件。通过露台和入户花园，扩大室内外交流空间，提高舒适度，创造便利的生活，符合住宅发展趋势。

西班牙风格

美林湖国际社区，中国清远

项目资料

项目地址：中国广东省清远市 / 占地面积：5 353 500平方米 / 总建筑面积：约196 666 666.67平方米 / 开发商：美林基业集团有限公司

设计单位：美国JWDA建筑设计事务所 / 设计团队：JMP, KRITZINGER+RAO, FAMOUS GARDEN,WILSON

项目说明

美林湖国际社区位于广东省清远市，总规划用地5 353 500平方米，三期住宅项目位于社区北端，由独立与联排别墅组成，与社区酒店、俱乐部及高尔夫球道相望，共同形成美林湖国际社区的起步区。

本项目顺应山势，切合地形的布局，使更多的住户能享受到社区特有的景观资源；同时也使建筑成为自然环境里有机的一部分。

三期住宅项目是整个美林湖国际社区的样板区；它不仅给使用者提供一个居住空间，更提供一种新的生活方式，是一个人与自然，居住与生活互动的和谐环境。

酒店与俱乐部项目位于美林湖国际社区的核心区，坐拥山环水绕、空气清新的自然环境以及高尔夫球场等丰富景观资源，加上与城市、机场之间便利的交通，形成一个离尘不离世的世外桃源。

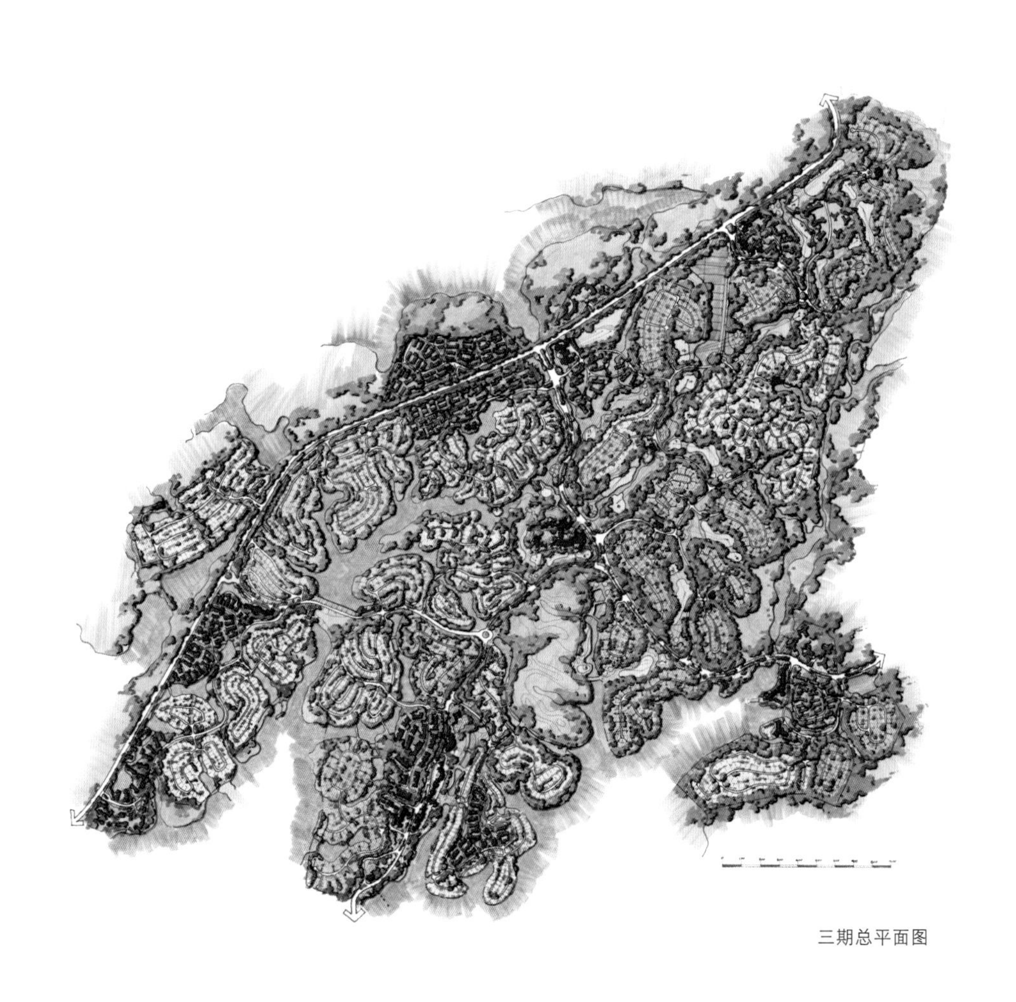

三期总平面图

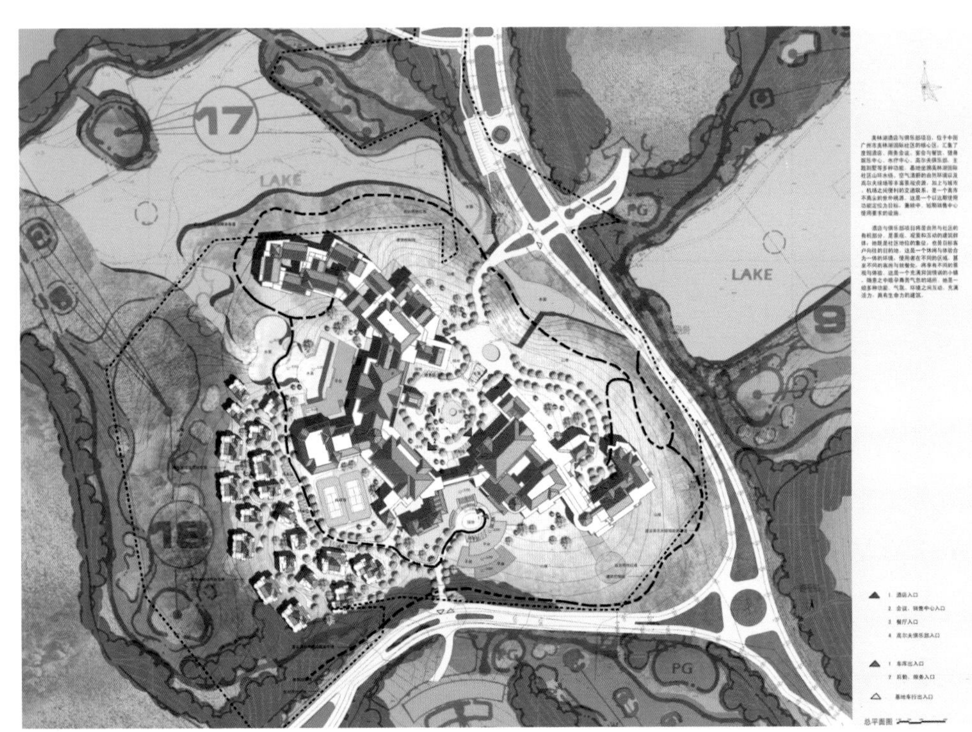
17
LAKE
LAKE
PG
PG
9
18

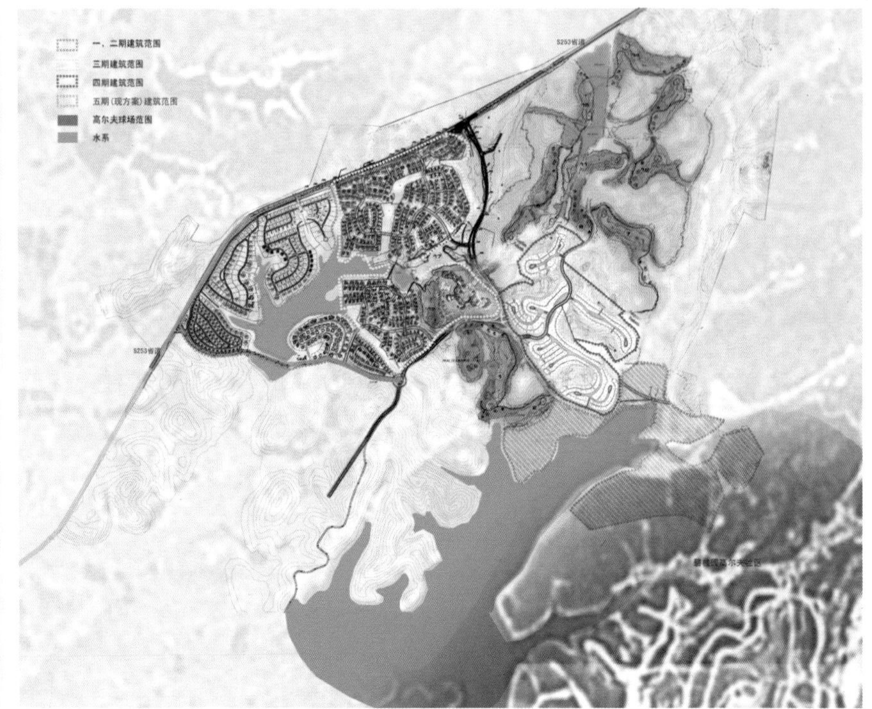
一、二期建筑范围
三期建筑范围
四期建筑范围
五期（现方案）建筑范围
高尔夫球场范围
水系

项目汇集了度假酒店、商务会议、宴会餐饮、健身娱乐、水疗中心、高尔夫俱乐部、主题别墅等多种功能。

酒店与俱乐部是自然与社区的有机部分，这是一个休闲与体验合为一体的环境，也是一个充满异国情调的小镇，随意之中暗孕尊贵气息的场所。

华文凤凰城，中国襄阳

项目资料

项目地址：中国湖北省襄阳市　　/总建筑面积：220000平方米　　/设计单位：美国DF国际（深圳）建筑设计有限公司

项目说明

项目是一个高度创新的现代社区，是一个没有坡屋顶的高度创新的现代西班牙风格建筑新典范。在所有城市都充斥着西班牙风格建筑的情况下，创造全新的西班牙风格建筑，可以使建筑产品在市场竞争中脱颖而出。

项目设计不受传统风格约束，仍设计有大量凸窗等现代风格的内容。没有坡屋顶，就不用再去面对坡屋顶下的异形这一不实用空间了。同时，省去了大量的瓦片，节约了大量建筑造价。

PHOENIX TOWN

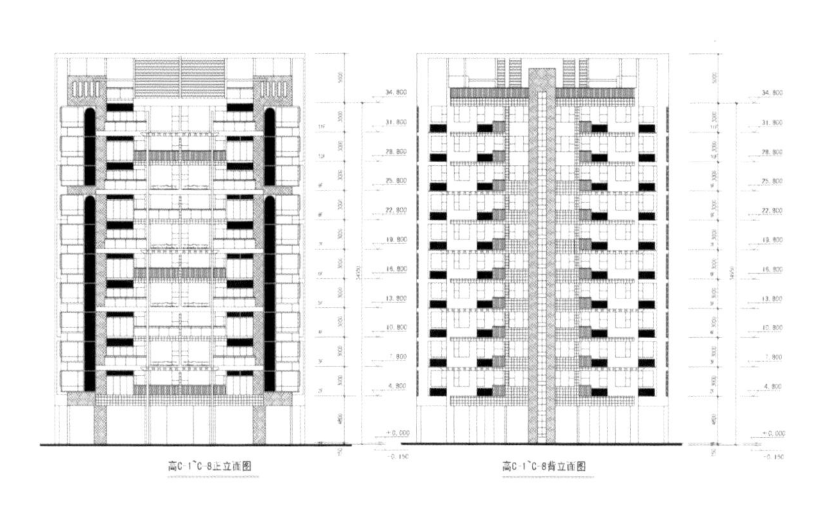

高C-1~C-8正立面图　　高C-1~C-8背立面图

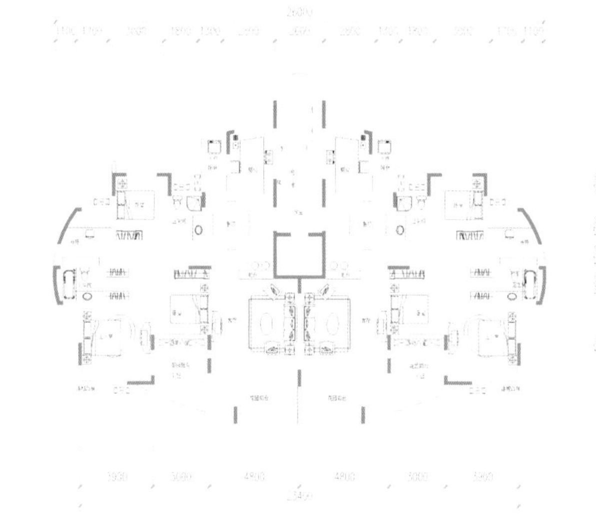

高C-1~C-3标准奇数层平面图

面积：276.0m²

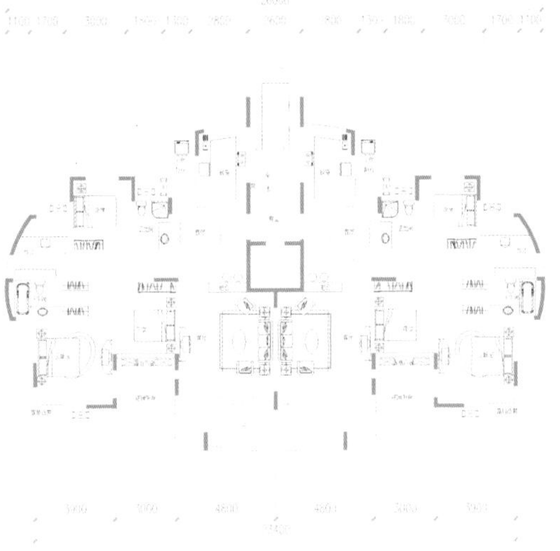

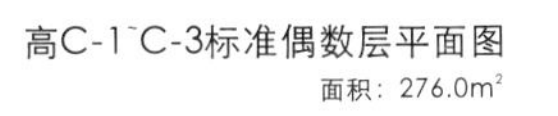

高C-1~C-3标准偶数层平面图
面积：276.0m^2

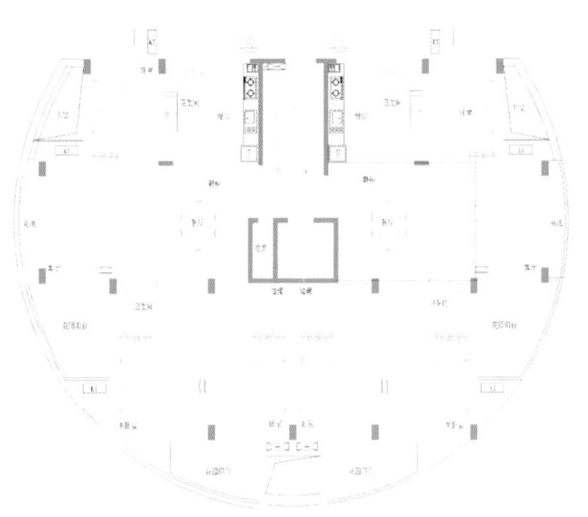

高D-1~D-4标准奇数层平面图
面积：266m^2

郡原美村·丽园，中国长沙

项目资料		
项目地址：中国湖南省长沙市	/ 占地面积：55 323平方米	/ 总建筑面积：46 352.70平方米
开发商：上海市申坊投资管理有限公司	/ 设计单位：上海水石建筑规划设计有限公司	

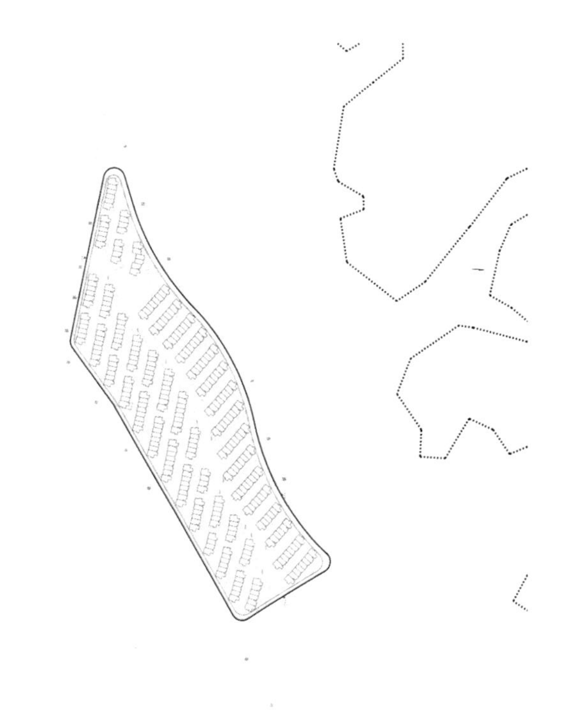

总平面图

项目说明

一、项目介绍

长沙郡原美村·丽园整体地形呈南北窄，东西宽的狭长地形，用地面积为55323平方米，总建筑面积46352.70平方米，共310户。项目为联排别墅。

二、总体规划

别墅的形态设计采用官邸式西班牙风格，建筑与山体地势自然融合，使建筑在绿色的海洋中若隐若现，树立本项目静谧典雅的气质与格调。规划结合建筑的立面风格进行单体布置，是相邻建筑立面协调中存在一定差异，以提高识别性，避免单调。

在景观设计中，充分利用项目依山傍水的自然景观资源，着力打造“百花溪谷”的设计主题，将自然生态的居住理念融入其中。

小区在南北两侧的规划道路上分别设置一个出入口，通过小区内的阳光溪谷大道相连接。蜿蜒曲折的道路，隐藏在建筑群内；穿行其上，犹如行进在溪谷之中。

规划结构设计中，结合住宅用地的特点，因地就势的将自然高差处理为建筑地下室及行车道，抬高建筑的首层，巧妙地通过路网划分组团，通过人车分流的入户形式，形成多层次的外部空间，更加立体的表达出规划体系。

三、建筑设计

设计采用西班牙建筑风格元素，通过厚重、华丽等的材料语言，打造出具有风情贵族官邸气质的别墅作品。

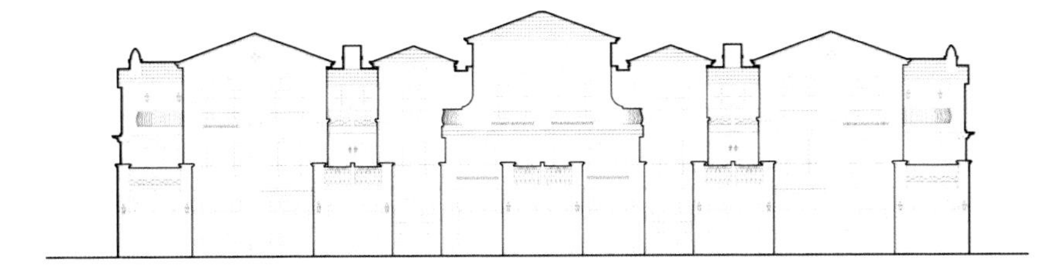

14#楼南立面图1:200

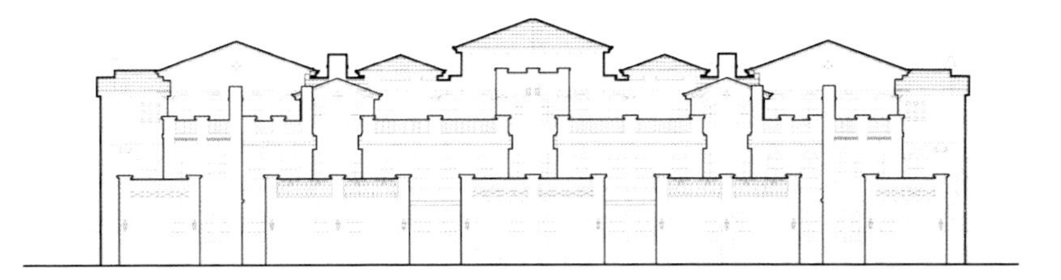

14#楼北立面图1:200

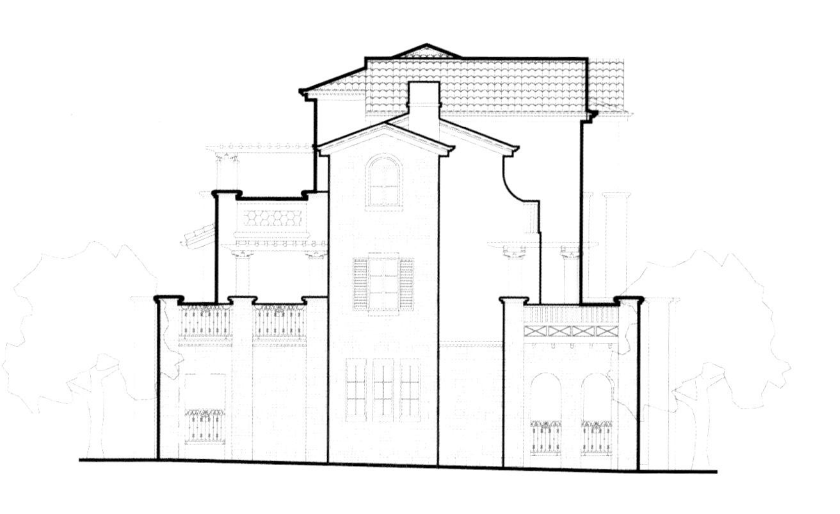

在整体形态的处理上避免以往联排别墅整齐阵列式的机械呆板方式，通过对形体立面的重新整合组织，合4联拼、6联拼甚至8联拼别墅宛如一幢独立的大住宅----完整、典雅、庄重；并使其序列中有变化，变化中又有统一，更能通过对院落等建筑近地部分的细节处理，真正使建筑与环境浑然一体、和谐自然，创造出高品质的人居建筑典范。

设计中精准控制所有外立面的细节尺度、颜色材料、门窗部品；并且在不同组团的建筑细节纹饰上加入不同的人文符号，增加建筑的标识及归属感，在体现尊贵的同时，展现人性化居住建筑的温暖与厚重。

在户型设计上南向平整方正，避免建筑体量大的凹进凸出，保持整体感；北侧逐层退进，保证丰富的空间形式。

四、景观设计

在景观设计中，通过空间的流动、连通和引导，将主入口景观、各居住组团景观、水系景观和道路景观有机而自然的连接起来，充分利用住宅周边的块状绿地，延伸和渗透到邻近组团与公共景观空间中。

在项目主入口，怀旧般的大门在此犹如进入一座历史悠久的古堡，预示着改项目的开篇。两边对称的叠水景观与垂吊植物、花境相互辉映，丰富入口景观的同时，也强化了入口的气势；湖、桥、溪等元素的综合运用，在有限的空间内，打造更多的休憩小空间，丰富人行走其间的景观感受。节点处，通过一段林荫道路，让绿树水景应入眼帘，达到放松心情和心灵升华的效果，精益求精的细节处理让人倍感愉悦。

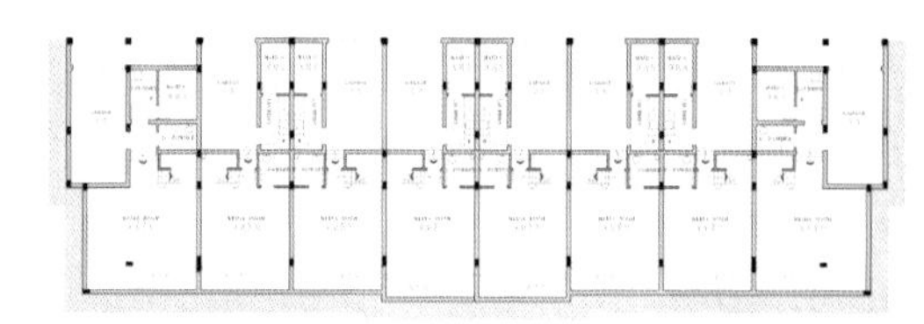

14#楼地下一层平面图1:200

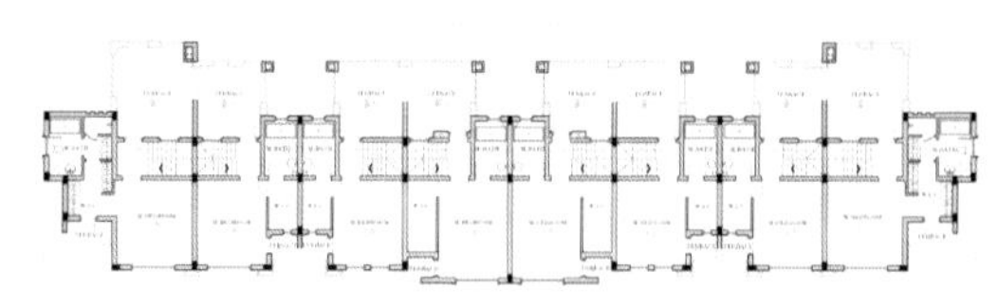

14#楼三层平面图1:200

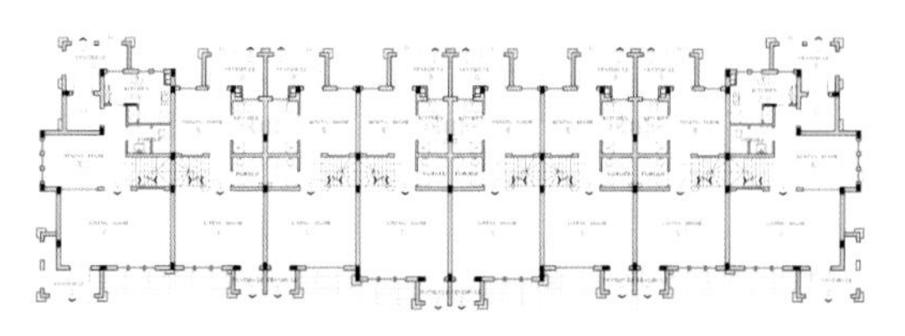

14#楼一层平面图1:200

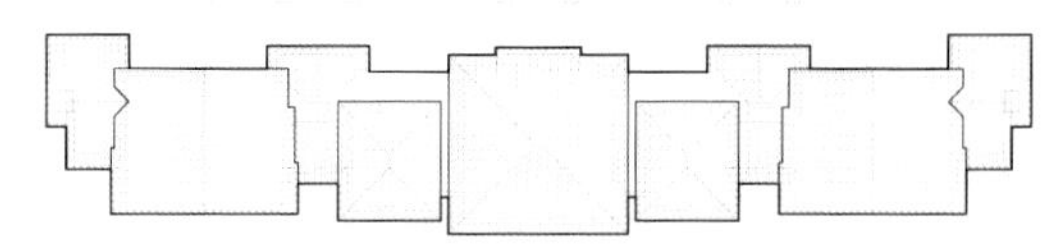

14#楼屋顶平面图1:200

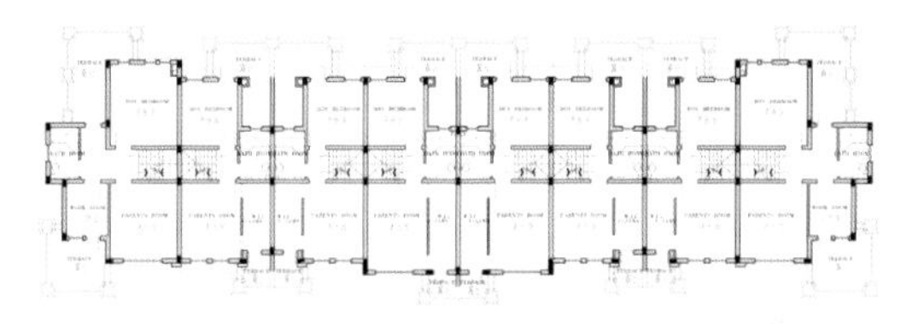

14#楼二层平面图1:200

东郊半岛，中国上海

项目资料				
项目地址：中国上海市	/占地面积：148 492平方米	/总建筑面积：66 695.63平方米	/容积率：0.3	/绿化率：65%
开发商：上海红蜻蜓置业有限公司	/设计单位：美国JY建筑规划设计事务所			

项目说明

一、项目概况

东郊半岛花园位于上海市浦东新区机场镇，占地148 492平方米。东郊半岛花园距浦东国际机场仅6千米，扼守上海东郊板图核心区位，受空港城、迪士尼乐园、浦东三大国家级园区与上海临港新城强势发展的有效辐射，将以全方位高端生活配套构筑匹配国际精英人士的优越生活，发展潜力不可估量。往北驱车2分钟即可上A1高速，地理位置优越，出行方便。

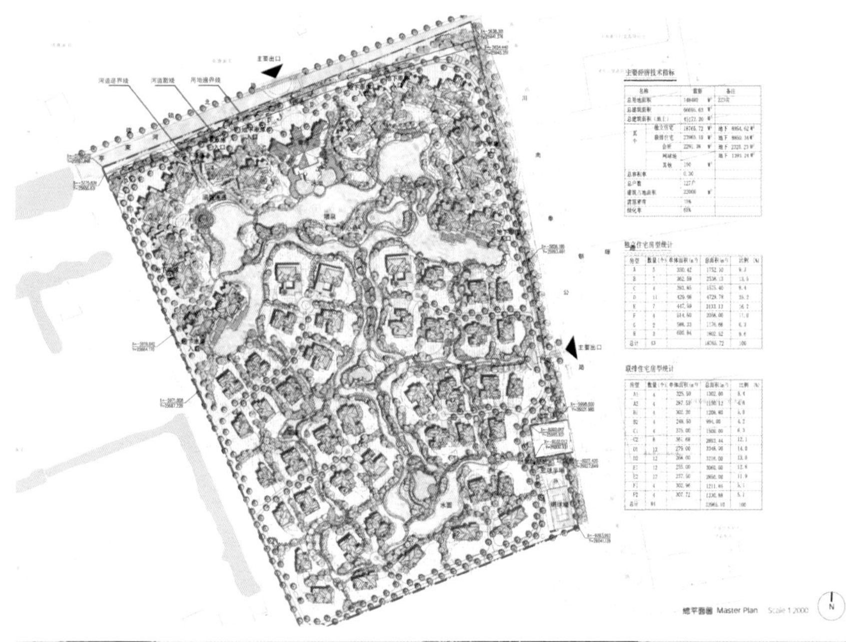

东郊半岛内含6大居住半岛，每栋别墅都临水而建；3大公共湖心岛采用“岛中有岛”设计，以圆桥汀步和亲水平台连接各岛与步行道，10座私家岛屿碧水环抱、棕榈覆盖，其岛居享受可谓极致，是一个拥有纯地中海风情、纯手工打造、艺术品级别墅。

二、建筑设计

东郊半岛别墅是浦东新区超低密度、户均2 000平方米占地的高端别墅，别墅建筑风格纯粹、纯正、独特，一个拥有纯地中海风情、纯手工打造、艺术品级别的别墅。东郊半岛地中海花园平层，处于小区内会所的两边，直面小区中心湖，视野开阔，客厅面宽5.4米以上，主卧面宽5米以上，采用退台设计。每户露台面积非常大，还设有两个私家车位和一个地下储藏室，配有独立保姆间以及保姆卫生间。东郊半岛地中海花园平层以精装修交房，室内地面铺设采用天然大理石和实木地板，厨房、卫生间和安防设备采用世界一线品牌。

三、景观设计

园林设计的质量很大程度上取决于土壤质量、苗木质量和苗木栽植质量，它们最直观地体现了整个别墅区内的绿化景观。东郊半岛花园的园林设计是精装修私家花园，配合公共景观，呈现一派原汁原味的热带风情。

万科·兰乔圣菲，中国广州

项目资料

项目地址：中国广东省广州市　/占地面积：209700平方米　/设计单位：广州市天作建筑规划设计有限公司

项目说明

万科·兰乔圣菲位于广州市花都狮岭芙蓉嶂度假区内，项目占地209700平方米，地处广东省省级生态旅游度假区，距花都中心城区15千米，距广州中心城区40千米，广州白云国际机场约17千米，离花都港约15千米，通过度假区前面的山前大道，往东可到106国道、京珠高速公路及街北高速公路；往西可到广花公路、广清高速公路，及107国道，与广州及珠江三角洲各地联系极为便利。地块滨临芙蓉嶂水库，南、西、北三面均有开阔的水面，水质优良，周边山体植被茂密，有良好的生态人居环境。

一、总体规划

项目整个别墅区结合地块三面环水，沿等高线错落布置，建筑完全与周边的地形条件融为一体。

鸟瞰图

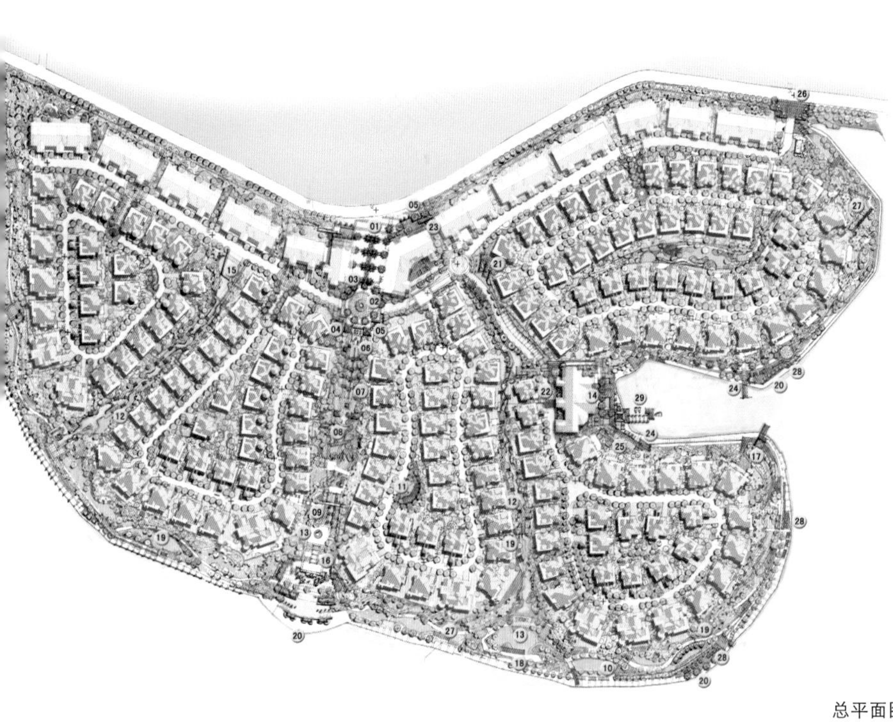

总平面图

小区分为五个独立的组团，每个组团只设一个出入口，组团内部道路为环状，组团私密性强，便于管理，有利于给住户营造组团内部的私密性与安全性气氛。而且别墅的排列以最大限度利用湖景资源和小区开阔景观为原则，其中高档别墅尽量临水布置。

竖向设计上因地制宜，合理利用地形，在竖向设计中以就地平衡土方为目标，进行场地设计，并设计台地式的建筑布局，使更多的住户足不出户就能欣赏到美丽的湖景。

二、建筑设计

万科兰乔圣菲的建筑风格源于西班牙建筑的古朴，典雅，风格给人感觉亲切，不张扬。

建筑立面的精彩来自于经典的比例以及丰富的细节。建筑立面的各种比例都是经过反复推敲和论证，对屋顶的坡度，檐口的装饰，开窗的比例等外观细节都做出了精心的设计。建筑立面中对西班牙建筑的建筑元素的运用，将芙蓉嶂的自然山水环境和人文因素在建筑中反应，使兰乔圣菲成为富于创新的艺术作品。

三、景观体系

景观主轴：由东面的酒店会所开始，依次布置了商业步行街，中心广场，叠水林荫广场，和湖心小岛，一直向开阔的湖面延伸，形成收放有序的景观序列。

景观次轴：由一系列的景观廊道组成，其间布置各种小广场，雕塑，叠水溪流，凉亭，小桥等小品，起到了分隔各个别墅组团，丰富景观层次的作用。

湖边开放空间：沿湖边设置了亲水木栈道，和各类休闲设施如座椅、健身设施等，使业主能近距离享受优美的自然景观。

组团景观：通过为各个别墅组团布置各种特色植物造景，赋予其不同内涵和意境，提升小区的品味和质素。

四、交通体系

区内机动车交通采用“一小区一组团”的二级道路系统，通过环路相联系。交通效率高，组团私密性强。

小区车行出入口位于基地临城市道路的南北两端。南端的车行道出入口是小区的主要景观出入口，该处采用跨水景观桥的形式形成引人入胜的入口景观空间。刚由芙蓉度假村大门进入度假的人们均会被这个由水、山、茂密的树林组成的小区入口空间吸引。

采用有效的“人、车分流”形式，尽可能地避开小区内机动车交通，结合小区内滨水公共空间、中场广场、林荫散步道及组团庭院并结合地面高差形成景观，变化丰富。强调外部优质景观（例如湖水，树林，山体）与步行系统，绿化体系及公建设施的相互渗透和有机结合。

美式风格

原乡美利坚，中国北京

项目资料		
项目地址：中国北京市	/ 开发商：北京光辉伟业房地产开发有限公司	/ 建筑设计：ZO Architecture
景观设计：Norris Design		

项目说明

原乡美利坚坐落于延庆县古崖居西侧，北靠天皇山，东依古崖居风景区，南濒万亩妫川平原，官厅水库，三面环山，一面濒水，山脉气韵交汇。周边拥有石京龙滑雪场、龙庆峡、康西草原、八达岭长城等大批旅游景区。距离社区1000米，与原乡美利坚咫尺相邻的是27洞国际高尔夫球场，球场绵延起伏，气势磅礴，集山地与平地、山景与水景、雄伟与秀丽于一体，充分展示大自然的美丽。球场设计考究，有趣的障碍及冒险路线的安排，使得度假生活更为丰富。

一、规划设计

原乡美利坚以美国怀俄明州Jackson Hole为规划蓝本，将Vacation Home的度假理念融入其中，原汁原味的美国西部风情在北京高端别墅市场首开先河，二期升级版精装独栋，在建筑及内部空间全面优化和升级，压轴收官。

原乡美利坚的规划理念是突出健康、绿色、生态，利用天然地形地貌粗犷大气的特点，将建筑风格定位为美式西部风格，使建筑与风景融为一体，使原乡美利坚的建筑成为风景的一部分。整体规划依托天然台地地形，没有固定的楼间距，让所有的建筑按照不同的地势、落差和自然景观存在，依着自然元素随意而栖；有的别墅根据地势的起伏产生内部的错动，有的别墅位于溪水之畔，有的别墅则可以亲近蓝天白云，还有的别墅依山势而建，在错落有序间，将雄伟苍茫的群山尽收眼底，开阔的视野让您尽赏美国西部奔放与自由……

原乡美利坚以0.18的超低容积率示人，每户拥有600平方米的私家庭院或私家果林。同时拥有万余平方米的豪华高尚会所；社区内还规划有主题商店、特色餐厅、陶艺馆、音乐会堂、俱乐部、户外运动场、跑马场，等等。

二、建筑设计

原乡美利坚的所有独栋别墅均是纯正美式西部风格，因此采用大量天然材质的装饰材料，建筑内外装饰大量采用原木、石头等材料，与大自然粗犷的特点相吻合，美国拓荒时期西部小镇的精髓尽在其中。无论是木质平台、壁炉、烟囱，还是坡屋顶以及传统材料的选用等一系列细节，皆沿袭了一贯浓重且具风格的北美感受。

原乡美利坚二期组团全面升级，增加了木质平台、景观阳台、地下室、储藏间及天然气入户。景观阳台的设计使视野更加开阔；入户花园增添了家庭的私密性和趣味性。二期升级组团共8个组团，由400余栋独栋别墅组成。作为室内和户外的过渡地带，木质平台的设计让居家生活有更多情趣与体验；为观赏室外风景设计的窗户，使眼睛随时享受视觉盛宴。

在室内，堆砌粗糙、天然的石材。原木、石材、宽边帽、鹿角、枯木油画……作为家装元素，还有古铜相架、带着流苏的餐桌布、简单随意的门把手等。从不同的角度设计不同的窗，不同的阳台，不同的入户花园，满足不同时间的不同渴望。

三、景观设计

原乡美利坚的道路体系“宜曲不宜直”，社区内的各级道路功能独立，充分保证了独栋别墅的私密感。与道路体系平行的是社区的景观体系，从社区入口、一级主路到入户组团路，整个景观体系分为多层逐步实现，美式西部的经典元素，在社区内随处可见：牛仔雕塑、景观廊桥、花池、绿植以及各种小品，形式丰富。

在原乡美利坚，数条天然水脉沿地势蜿蜒流下，社区按水系的自然流向设计动态各异的水景小品，溪水与漫步道通过古旧廊桥。溪水从高处顺势而下，形成涓涓细流，清脆明快。叠水与园林内部水系自然融为一体，成为极富吸引力的流动风景。多层次的地貌、茂盛的植被和层级迭落的水系及道路，与社区内建筑交错共生，步移景异，相映其中。

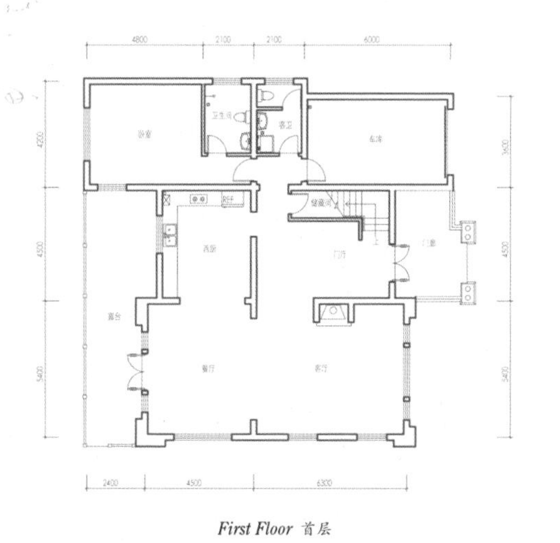

First Floor 首层

Area 面积: *186.14m²*

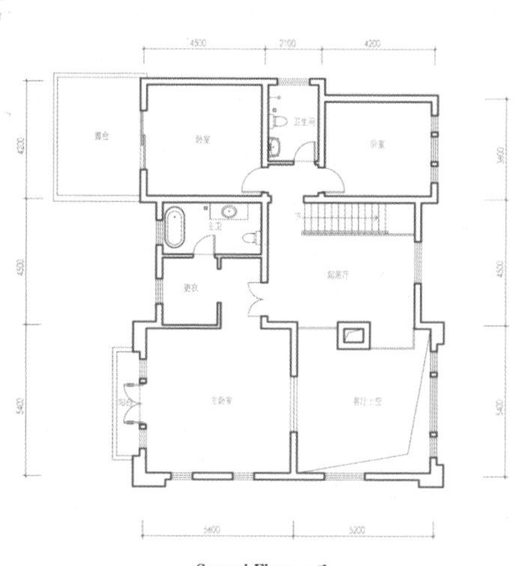

Second Floor 二层

Area 面积: *132.44m²*

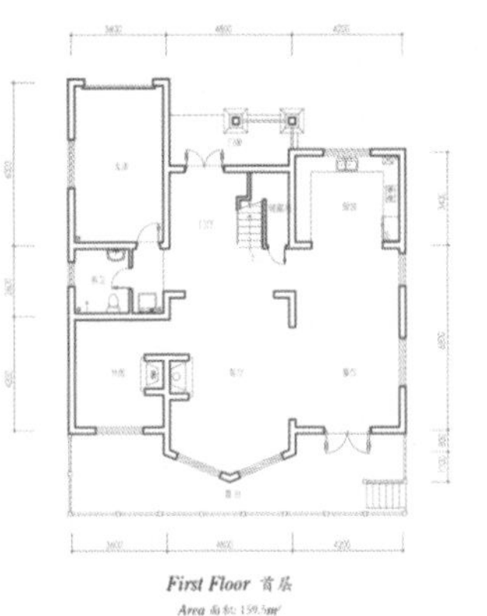

First Floor 首层

Area 面积: 159.5m²

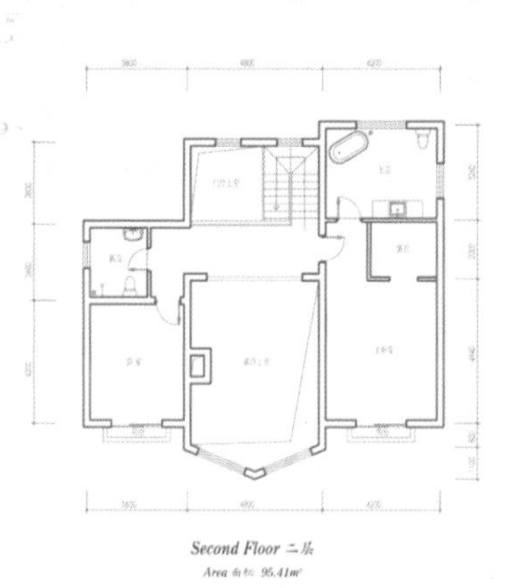

Second Floor 二层

Area 面积: 95.41m²

四、配套设施

项目毗邻京郊西部主题文化的第一休闲的场所西镇（Teton Village），遵循原汁原味的美国西部街市风格，成为区域的商务、娱乐、休闲、文化中心，势必将原乡美利坚整体项目打造成风靡京郊的度假胜地。

项目后期还将导入五星级大酒店，心灵SPA等新型项目。物业方面与美国第一大物业品牌“宾至国际”合作，宾至国际物业将会带来前所未有的美国标准的物业服务，后期还将引进“金钥匙”管家服务，全面提升生活品质。

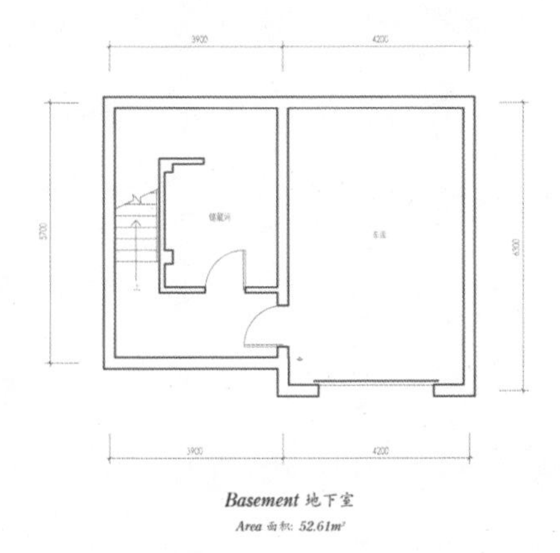

Basement 地下室

Area 面积: 52.61m²

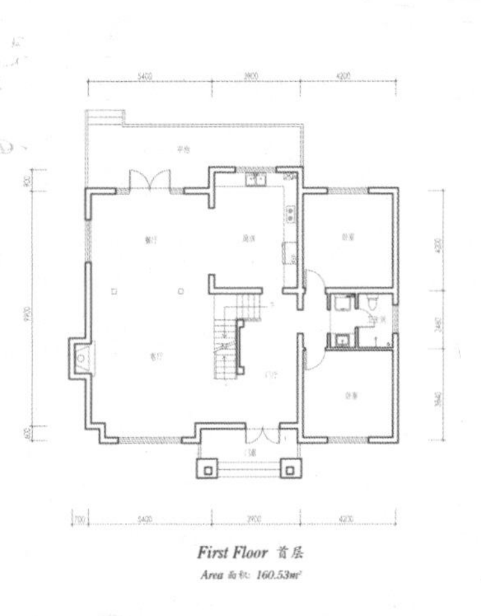

First Floor 首层

Area 面积: 160.53m²

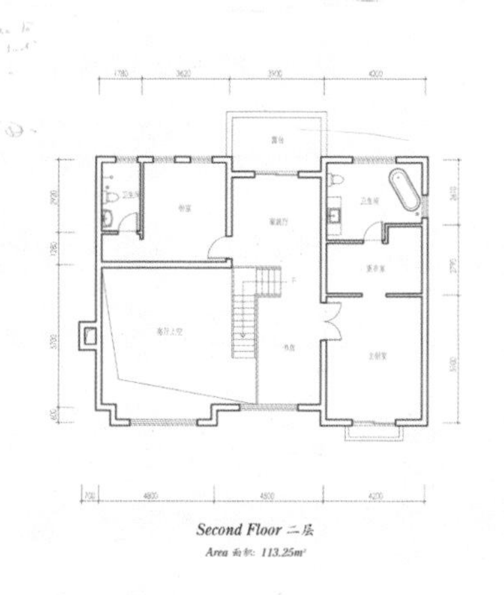

Second Floor 二层

Area 面积: 113.25m²

鸿基·紫韵，中国西安

项目资料			
项目地址：中国陕西省西安市	/占地面积：102099.5平方米	/总建筑面积：229151.62平方米	/容积率：1.80
绿化率：40%	/设计单位：深圳市博万建筑设计事务所		

项目说明

一、规划设计

西安古城体现了中国古人以方形造城的思想，天圆地方与中国传统的哲学理念相符合。紫韵总体布局为与西安古城一脉相承的方形，棱角分明，格局清晰。建筑分布南低北高，东低西高，与中国总体地可走势相吻合，是上佳的风水。

在整体继承了古城工整严谨的霸气，又在局部体现了士大夫贵族阶层的隐逸情怀，以水面环绕中心Townhouse区，使中心T ownhouse区整体成为紫韵的中心景观区，在东侧叠加区则由线状绿化与点状绿化有节奏布置，行走于工整的道路上却可感受到空间的抑扬开合，西侧点阵高层绿化则更是环绕循环。

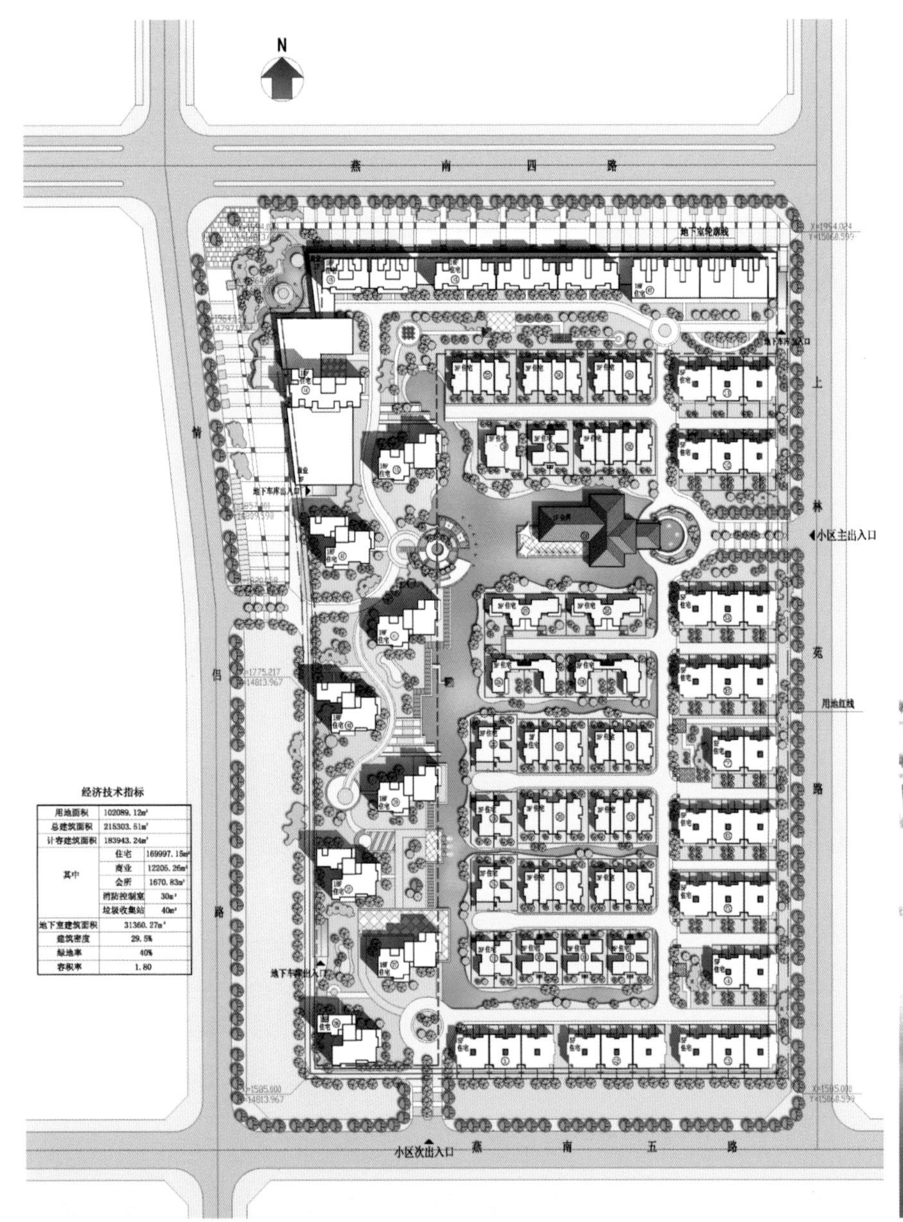

用地面积	102089.12m²	
总建筑面积	215303.51m²	
计容建筑面积	183943.24m²	
其中	住宅	169997.15m²
	商业	12205.26m²
	会所	1670.83m²
	消防控制室	30m²
	垃圾收集站	40m²
地下室建筑面积	31360.27m²	
建筑密度	29.5%	
绿地率	40%	
容积率	1.80	

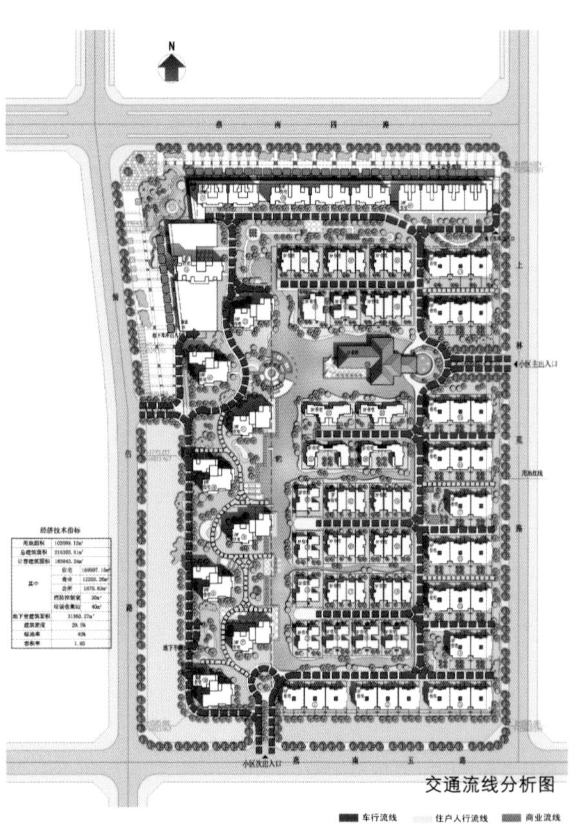

交通流线分析图

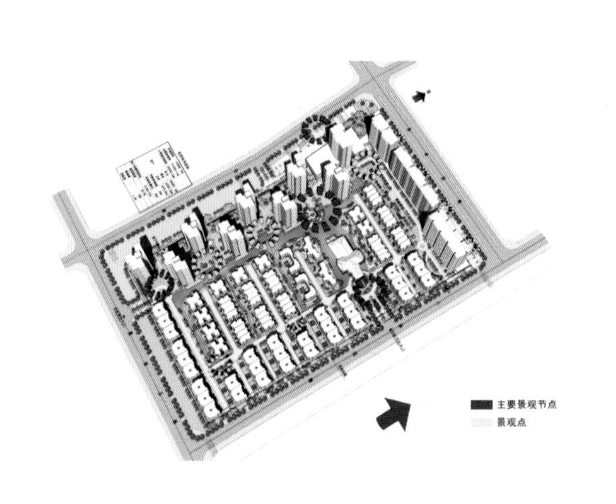

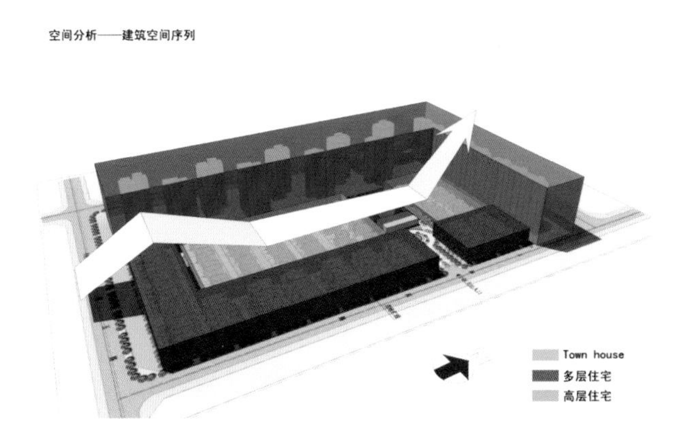

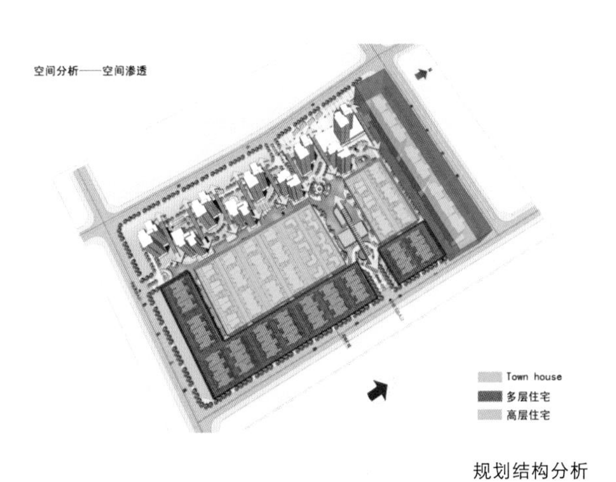

规划结构分析

景观视线分析图

二、景观设计

东南片House区拥有宜人的House区街道尺度，亲切动人的生活场景氛围以及丰富的庭院绿化、水景绿化、露台等绿化系统，而西北侧的高层区则拥有开阔的景观，鸟瞰社区及东向南湖公园的同时拥有丰富开敞的庭院绿化及沿河绿化带，高低片区各具优势又相得益彰。

三、通风采光

日照及空气流通是现代居住环境的基本保障功能，南低北高、东低西高的平衡规划模式提供了无论多层与高层每个住户非常好的通风和采光，House区利用中庭天井和庭院绿化以及水景观带加速了区域空气对流，也使每个住户拥有充足的日照，高层东向、南向毫无遮挡，尽情享受东、南向温暖的阳光和季风。

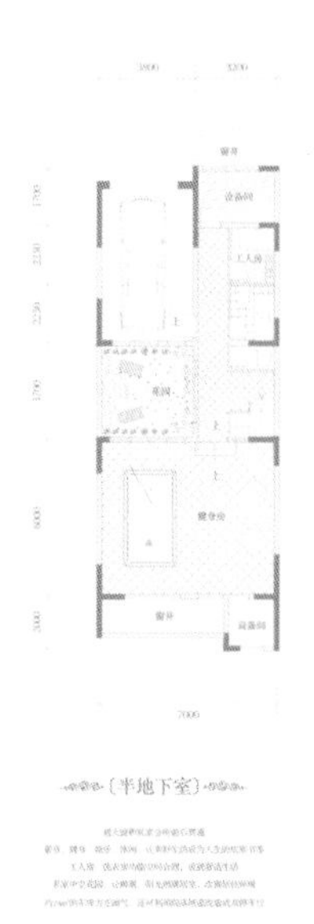

（半地下室）

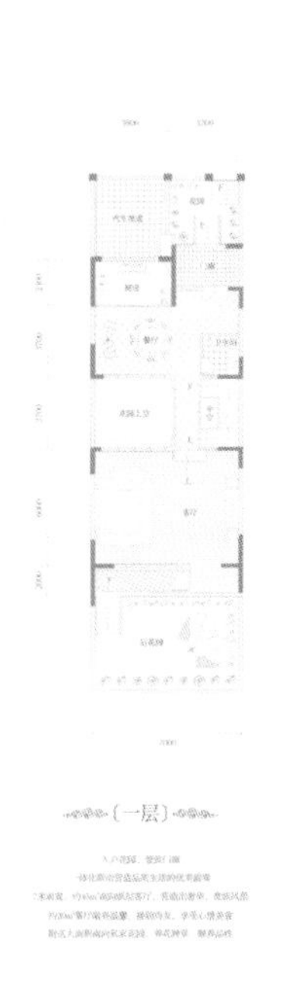

（一层）

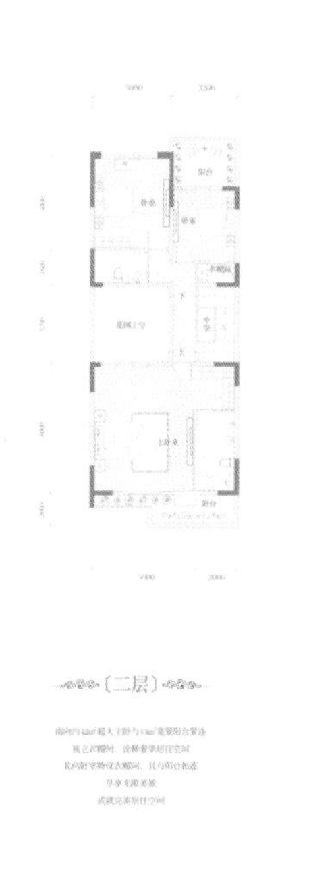

（二层）

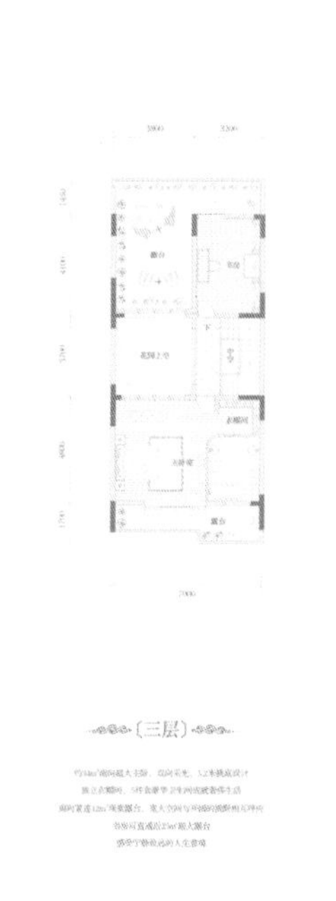

（三层）

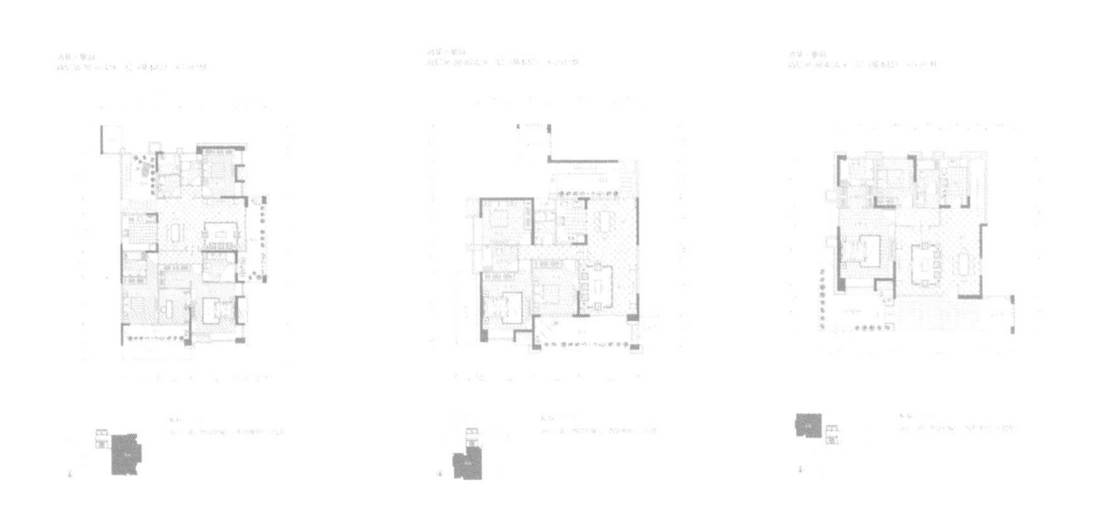

四、交通设计

日常车行、人行出入口均衡布置于基地东、西、南三面，而共公设施则集中置于小区中心会所、北部商业以及高层地下室，东侧出入口为会所及House区出入口，也是小区的主要展示入口。南侧出入口为高层区与House区共用出入口，并设有高层区地下车库出入口，西向出入口为高层区单独出入口，并在入口处设有高层区地下车库出入口。House区人车混行，车行道旁考虑了丰富的景观，住户尽享开车回家的乐趣和舒适，而高层区则人车分流，让大量在地面活动的住户感受到安全，高层均连接地下车库，除地下车库充分考虑了自然通风及采光外，单独设计了具有自然通风采光的地下车库大堂，开车回家也有非常尊贵舒适的享受。

公区设施集中布置于人流较多区域，可以大量减少日常生活中的车行出行，设置了非常舒适的人行步道，走路可以方便地到达任何一处社区配套设施，减少车行，减少了能源的消耗及对水和空气的污染。

五、建筑设计

紫韵的建筑风格，摒弃了表征异域文化的舶来品，摒弃了单薄简陋、缺少细节的简单现代风格。就表现而言，可归纳为现代的、本土的、理性的，就内涵而言，更像是一首打动人心的老歌，未必知道出处，但它真诚，直入内心。缓慢而悠长，简单而从容，扎根于本土却又富于幻想，与源自遥远记忆的某种情感发生关联。

立面设计从容地使用着各种现代材料，质朴的面砖以仿城墙砖节奏的方式铺贴开来；灰色的冰花蓝石材，映射出古老城墙的光泽；灰色玻璃相衬的是深棕灰色窗框，表达出与旧时代宫庭红色木框相仿的色彩来；灰白色的石材线条，深灰色屋面瓦，质朴平和，含蓄地表达了传统建筑构成的横向拓扑关系。

材质与细节的精心把握对于建筑的成功表达有非常直接的关系，缺少细节，建筑将成为空洞乏味的构筑物，材质的视觉、触觉，光与影对体型和线角的塑造、雕刻才会让我们最终找回深刻动人的情景氛围。

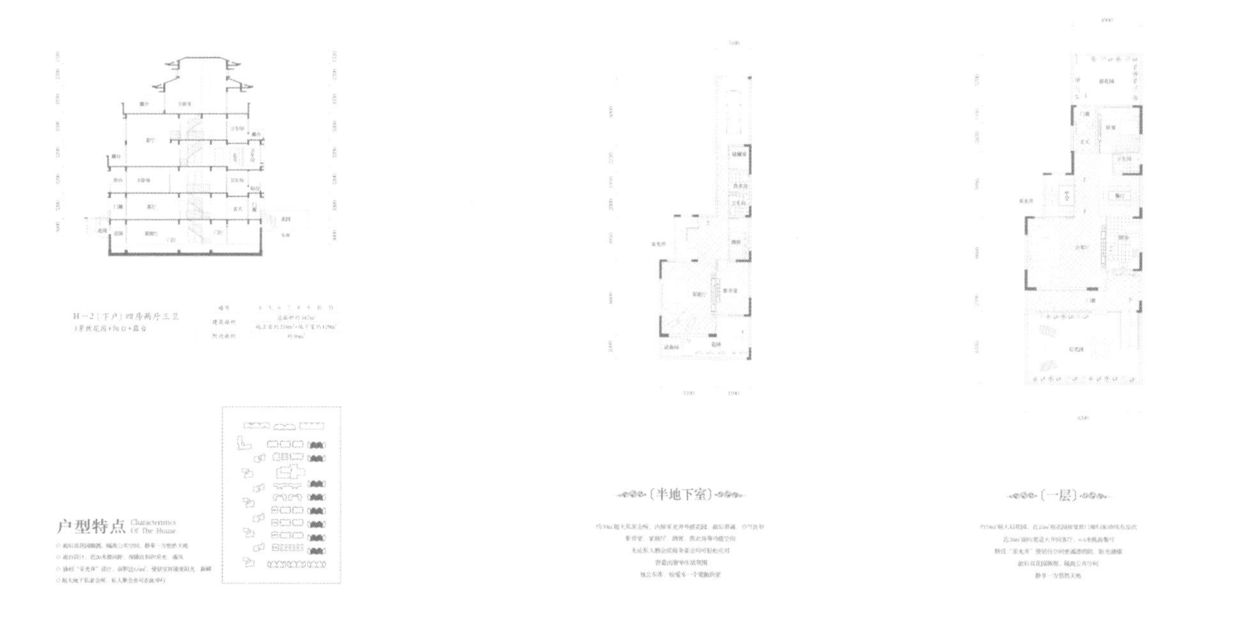

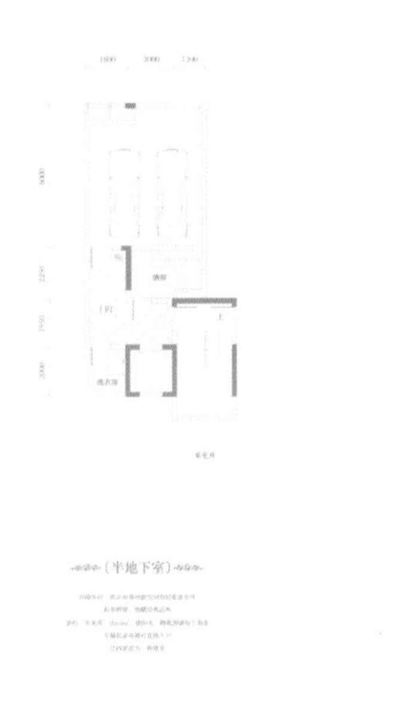

（半地下室）

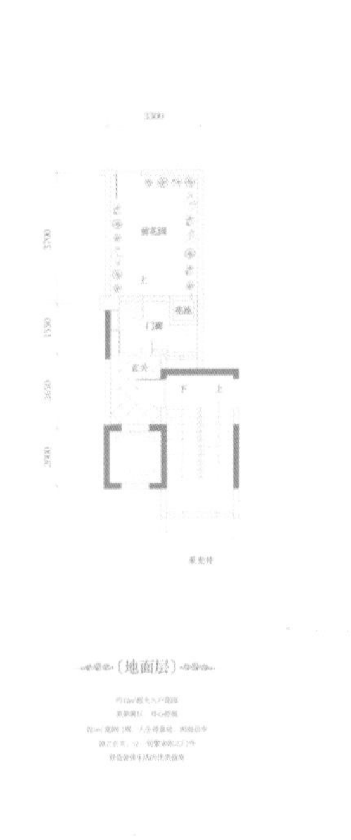

（地面层）

（首层）

（二层）

观庭四荷艺墅，中国上海

项目资料		
项目地址：中国上海市	/占地面积：245 500平方米	/总建筑面积：39437平方米　/容积率：0.3　/绿化率：60%
开发商：上海博星房产有限公司	/设计单位：上海中房建筑设计有限公司　美国JWDA建筑设计事务所	

项目说明

一、项目介绍

观庭四荷艺墅位于青浦区徐泾镇国际别墅社区，周边交通便利，有A9、318国道、A5等主要线路，距上海虹桥国际机场仅6千米，距上海浦东国际机场40千米。观庭四荷艺墅南傍淀浦河，与松江区九亭镇、泗泾镇交界；西与本区赵巷镇相连；北与本区华新镇及闵行区华漕镇接壤。其中观庭四荷艺墅地块东至联民路，西至西向阳河，南至A9高速公路。

观庭四荷艺墅呈东西狭长状，总用地面积245 500平方米，其中，总建设用地224000平方米。

二、规划设计

观庭四荷艺墅入口广场是整个规划设计的先导，作为居住的入口节点，在空间上通过弧线形的道路系统与天然河道将基地分为一期、二期和三期地块。观庭四荷艺墅的主入口设在基地东侧的联民路，入口处布置会所及入口广场。会所包括一层、二层及地下室，内设小超市、门房、厕所、强弱电控制室、物业办公室、居委会及人防等。

N
一期
(已建设)
绿化带
绿化带
A9 高速

1.一期

其中一期基地占地面积为131458平方米，地块比较方正，东西面宽大，东、中、西有三条天然河道贯穿基地，拟建由高品质的独栋别墅及独特的别墅组团为主构成的高尚别墅住宅区。

2.二期

1）基地现状分析

二期基地占地面积105181平方米，总建筑面积为73637.82平方米，分为A、B、C三区。

基地用地地势平缓，A区，B区用地范围内有少量自然水面，本案设计需考虑水体资源的保留或改造及利用。周边的三条河流及毗邻绿化带为本案提供了良好的自然资源。东侧联民路高架路与本案之间需采取减噪隔音措施。

A区北面与东面均为独立别墅区域，西侧又有良好的自然资源，故A区宜建设高档独栋社区。

2）户型布置分析

独立别墅与联排别墅分开布置。

B区虽有自然景观资源，但其用地大致呈三角形，故设置联排别墅较为合适。

C区东侧有联民路高架路通过，其噪声干扰将会一定程度影响到本社区的居住质量，较适合布置联排别墅。

23

3）车行系统分析

基地设两个次要出入口（主入口建在一期部分），出入口全部设在城市辅路徐南路上以减缓小区车辆对城市主路的压力。连接一期环形道路作为小区主干道，形成车行道路系统的主支架。

4）人行系统分析

充分利用小区周边的自然景观作为步行骨架，并利用小区内绿化向各方向延伸，到达各组团。

5）景观绿化分析

基地周边有利资源：三条天然河道，城市绿化带。充分利用自然资源延伸渗透到小区各类建筑内部，以提高社区居住品质。

基地不利因素：高架路噪声干扰。沿高架路侧设置隔音减噪绿带，社区内部设置集中绿化为居住者提供良好的景观资源。

25

协信·阿卡迪亚，中国无锡

项目资料

项目地址：中国江苏省无锡市　/占地面积：135953平方米　/总建筑面积：173121.6平方米　/容积率：2.50

设计单位：上海水石建筑规划设计有限公司

项目说明

一、项目概况

本项目位于江苏省无锡市，基地北依具区路，西靠菱湖大道，南侧为太湖环路，东侧为规划河道，本项目分为A、B两个地块，中间有秀景路穿过。A地块总用地面积为78577.4平方米，地上总建筑面积为110008平方米。B地块总用地面积为57375.6平方米，地上总建筑面积为63113.16平方米。地块位于无锡（太湖）国际科技园内，周边交通等设施完善、便利，同时地块南侧紧邻湿地公园及太湖，拥有一线的太湖景观和优美的生态环境，是一处极其适合居住的养生之地。

二、设计理念

总体规划以创造现代化居住社区为目的，在设计中采用新思路、新手法以着重体现规划的先导性，合理设定功能布局和分期实施可行性；在环境规划中结合自身宅间绿化和公共景观资源优势，创造生态绿化的居住生活家园，创造人性自然社区。

三、整体布局

充分利用天然环境资源，注重自然环境与人文环境的融合。在总体构思上遵循“以人为本”、“亲近自然”的设计理念，结合本地块实际情况，充分发挥本地块优势，转化周边不利条件，形成一个配套完善、环境优美、建筑类型丰富、舒适安宁的住宅区。在建筑形态表现上，以简约海派风格与草原风格（低层）相结合，提供一种舒适的居住模式，倡导邻里亲情、自然和谐的生活方式。配合以15、16层大高层公寓，6、7层洋房及低层联排住宅的组团形态，强调组团内部环境品质，营造宅前屋后丰富亲切的自然景观，主张亲和融洽的邻里关系，组团间的较开敞景观提供小区内部的公共人文、自然环境，使家中的舒适延伸至户外，营造小区整体的居住氛围。

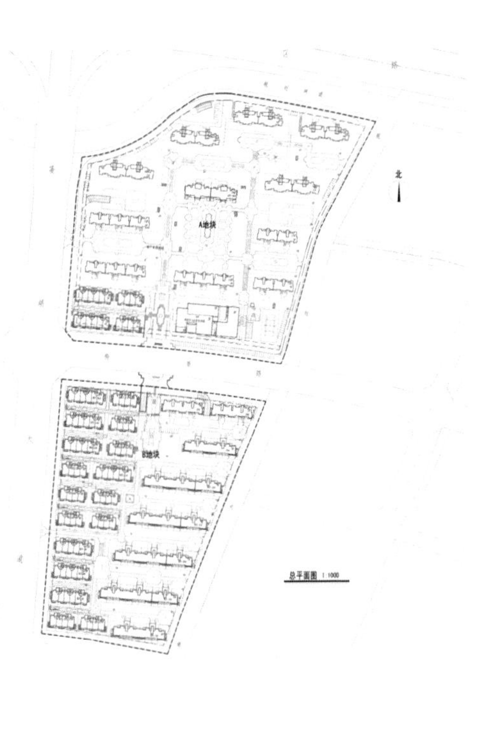

总平面图 1:1000

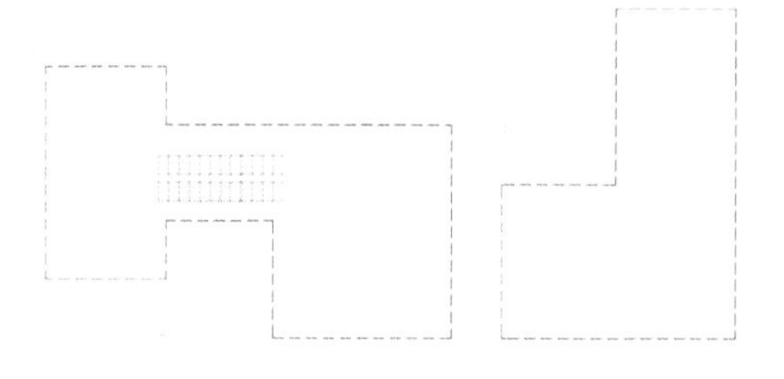

屋顶平面图

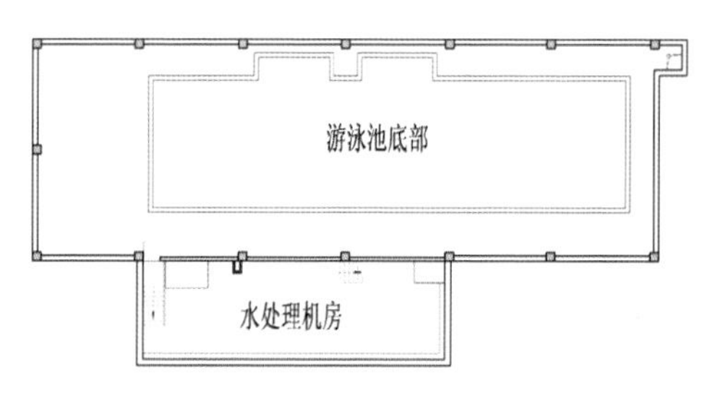

地下一层平面图

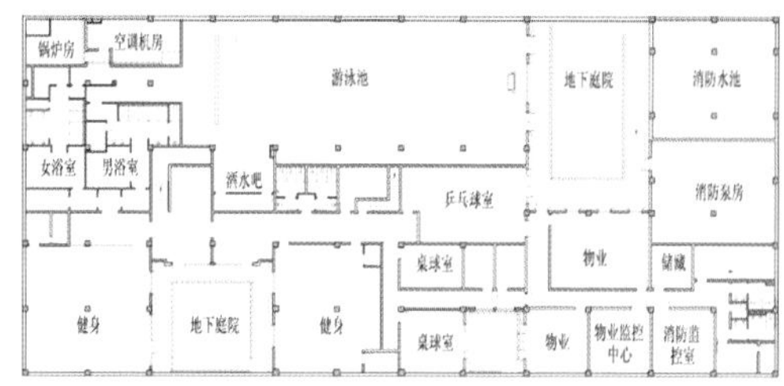

地下二层平面图

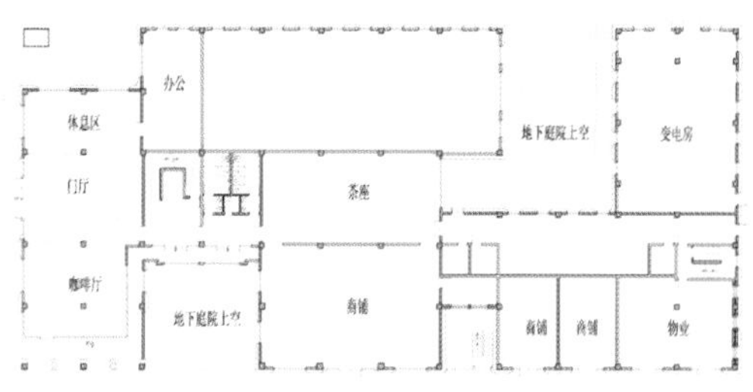

一层平面图

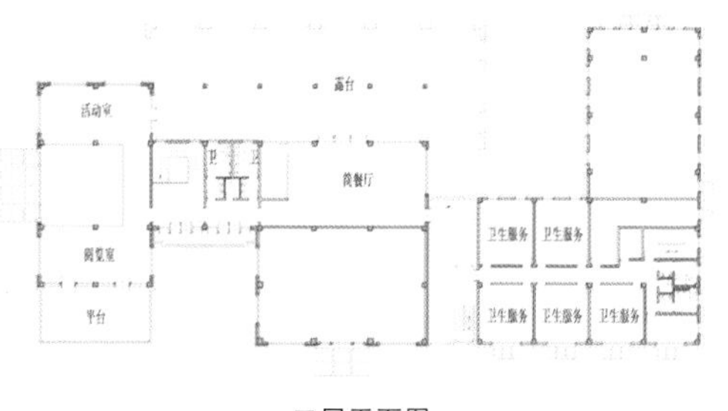

二层平面图

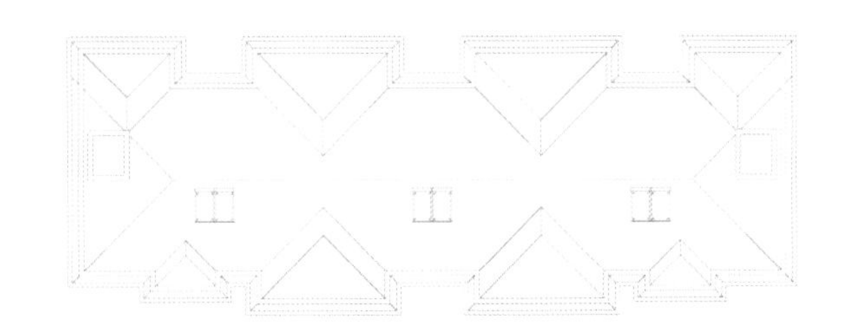

屋顶平面图

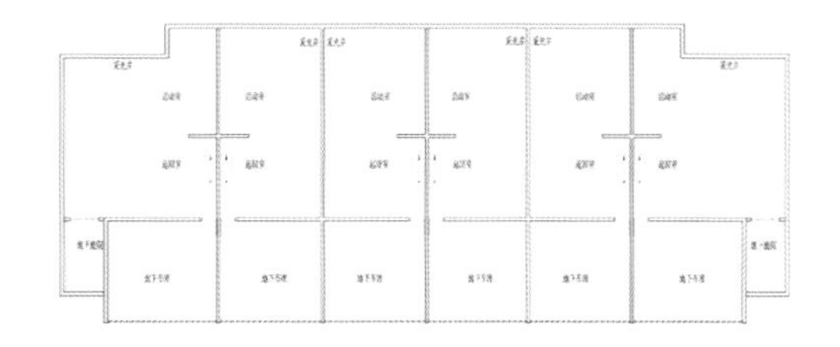

地下平面图

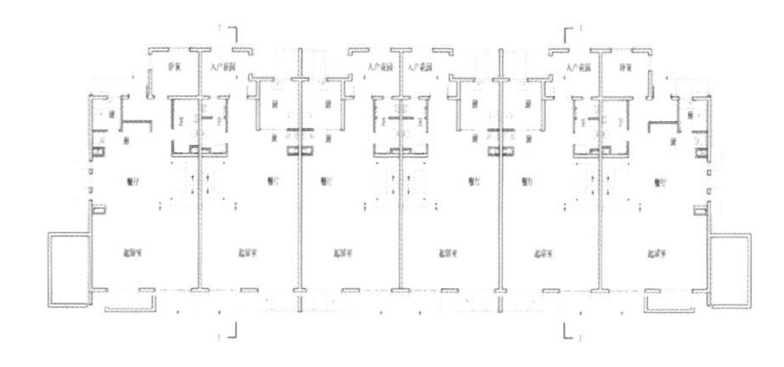

一层平面图

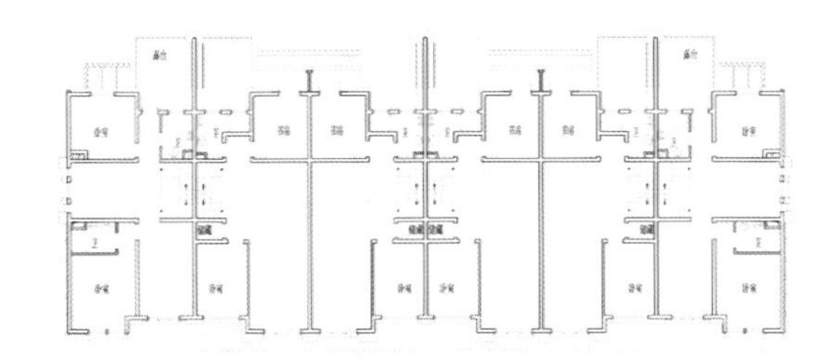

二层平面图

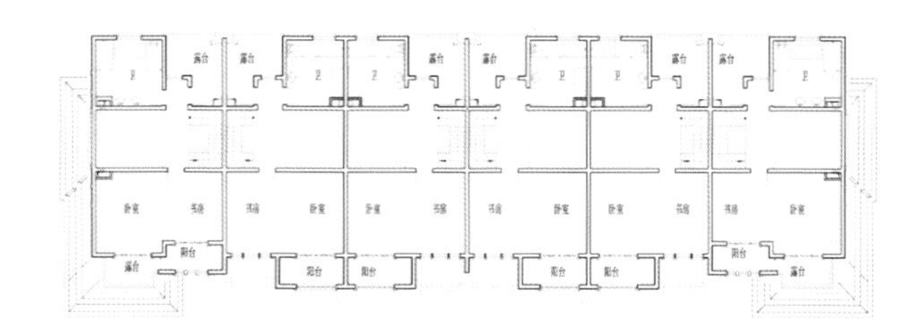

三层平面图

公共空间包括集中商业、绿化及休闲运动功能，与居住组团之间的私有空间将设计适当的分隔。但又以绿化灌木等予以连贯，形成空间之交错互动。利用高层住宅及低层住宅之高差，不仅提供了高低错落的建筑群体轮廓，同时也增加了建筑不同层面的环境空间。

建筑朝向以南向偏西为主，局部为正南向布置，均能满足江苏省的日照朝向要求。单体设计突出每户的通风和阳台布置，增加空气对流，利用天然通风，减少因空调的大量使用所造成的资源浪费，满足环保的需要。

四、交通组织

本方案将A区主要出入口设置在秀景路上，次要出入口设置在菱湖大道及秀景路上，B区主要出入口设置在秀景路上，次要出入口设置在菱湖大道上，在交通组织上尽可能分散干道车流量，进入小区后大量车辆进入地下车库，小区主车道宽度为6米，辅道及消防道宽度为4米，保证行人的安全及社区内的安静与舒适。高层住宅区道路为环路布置，给居民提供安全便捷的交通条件。

机动车进入小区后，随即进入地下车库，同时在道路交叉口设置减速坡，并变化铺地。减速带与人行道衔接处做成坡道，体现对行人特别是老人、儿童的充分关怀；枝状或单向车道宽度4米，道路一侧设人行道。进入公共绿地和各个组团内，则实行人车分流。

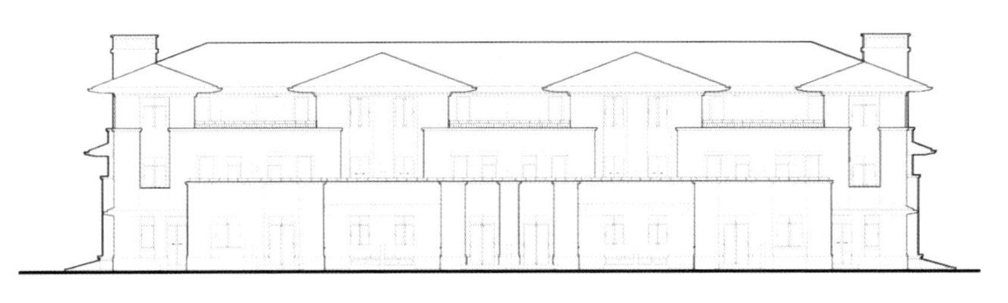

北立面图

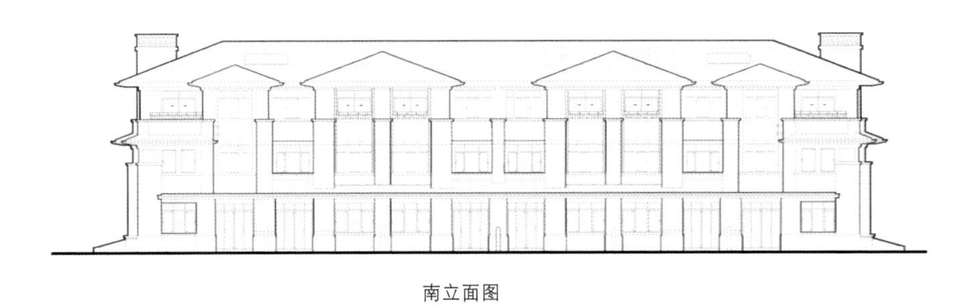

南立面图

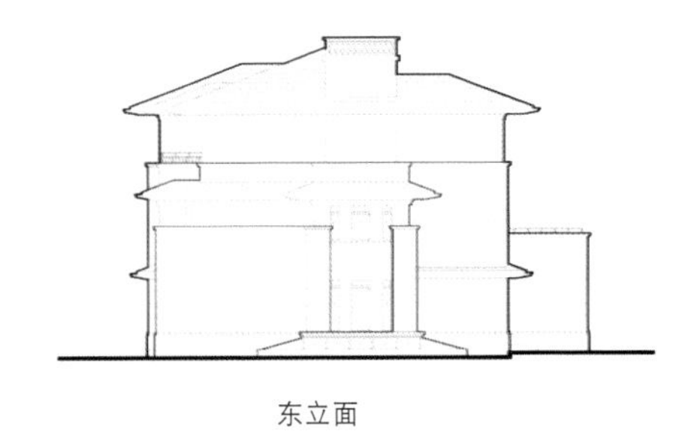

东立面

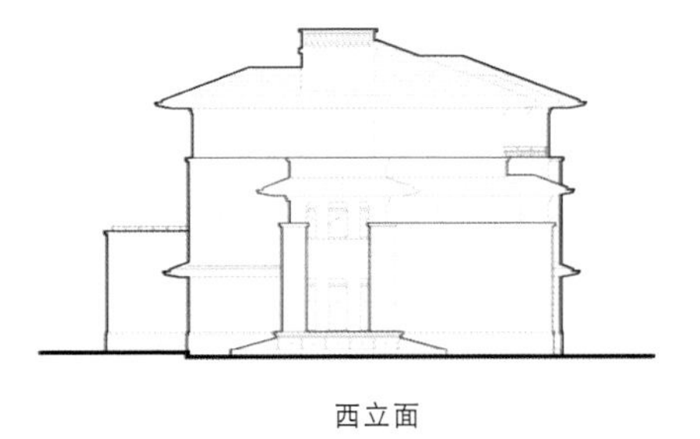

西立面

A区机动车停车位共计1085辆，其中地面停车位为144辆，地下为941辆。B区机动车停车位共计631辆，其中地面停车位为41辆，地下为590辆。非机动车结合地面景观构筑物统一设置。

五、建筑设计

本方案以简约海派（高层+商业配套）与草原风格（低层）相结合，体现全新的居住理念，丰富了居住体验，邻里间的亲切尺度适应人性化潮流。

建筑利用简洁的装饰构件加上色彩的处理配以多变的形体产生丰富的空间变化，单体设计利用适当比例面积玻璃窗及局部变化的材质产生强烈的虚实对比。适当面积的玻璃窗及宽敞的大露台除了带进大量新鲜空气和充足阳光外，还将室外景观引入室内成为室内不可或缺的一部分，使室内空间与室外环境相互融合，丰富了整体的视觉效果和心理感受。

南立面图

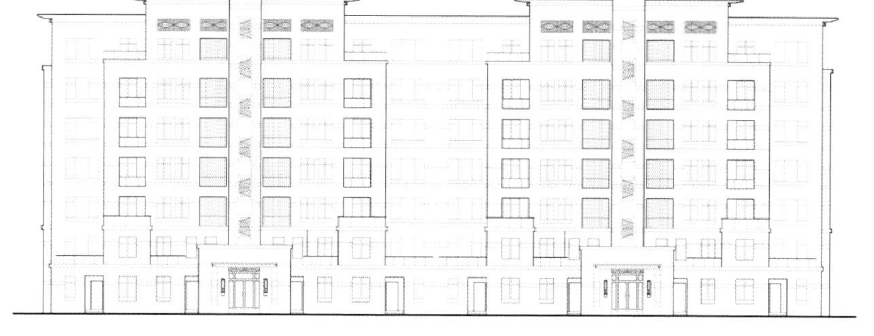

北立面图

建筑色彩选择在统一的基础上，各建筑立面采用不同的颜色，他们可帮助改善环境形态，沉稳大气的建筑色彩可将照射于外墙的阳光反射到其它建筑群体上，使整个小区建筑群体外观鲜明光亮，清爽宜人。

六、景观设计

A、B地块西侧以及B地块南侧为绿化景观隔离带，东侧为规划活水河道，为本项目提供了优美的外部环境。不同形式的组团中心绿化不仅满足了业主亲近自然的居住需求，同时也活跃了整个小区内部景观趣味性。在低层和高层住宅中间区域设置了一条贯穿南北的绿化景观主轴，平衡了不同区域的景观品质，提升了小区环境的均好性，也成为了整个小区的又一亮点。

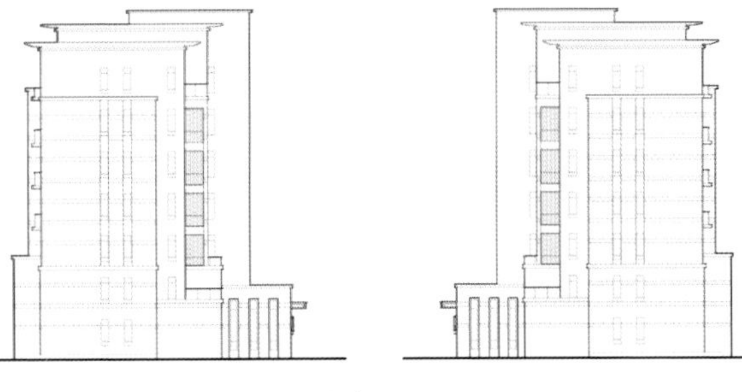

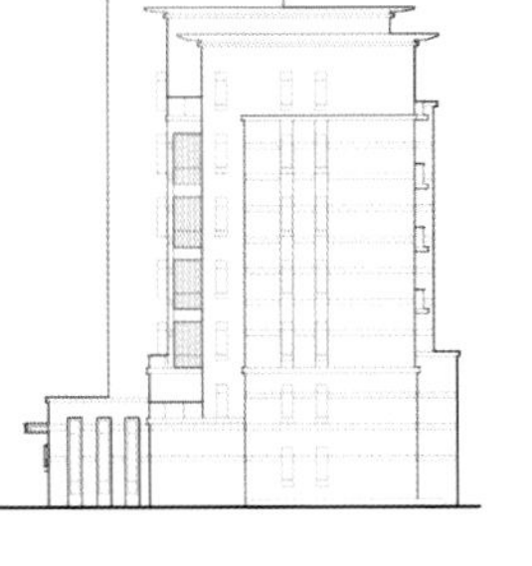

东立面图

一层平面图

二层平面图

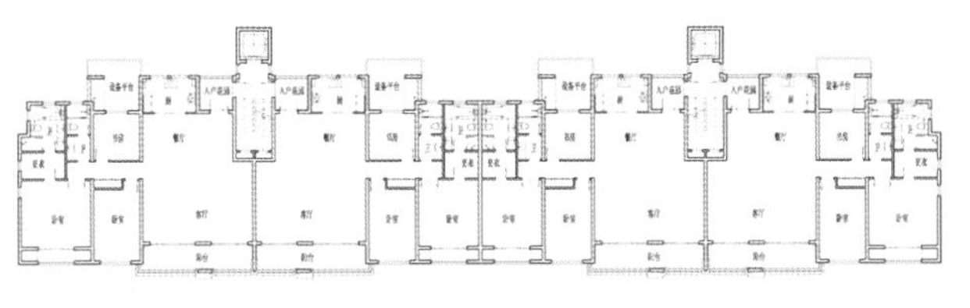

三层平面图

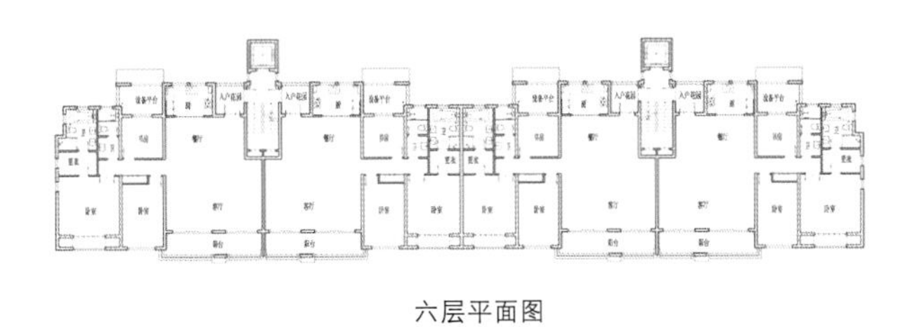

六层平面图

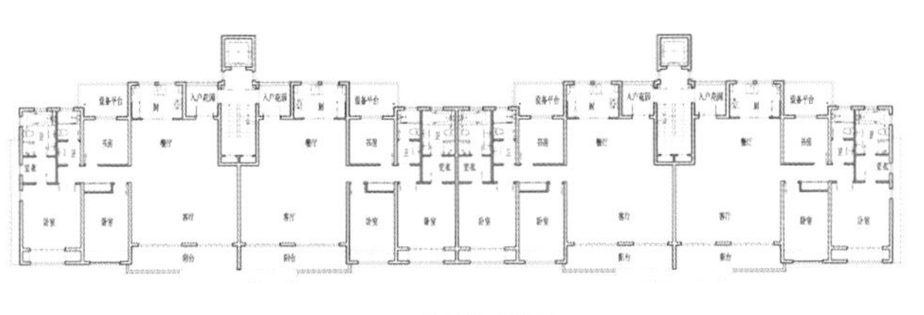

七层平面图

英式风格

保利·叶语，中国上海

项目资料

项目地址：中国上海市　/占地面积：241796.1平方米　/总建筑面积：469934.58平方米　/建筑密度：24.9%

设计单位：英国UA国际建筑设计有限公司

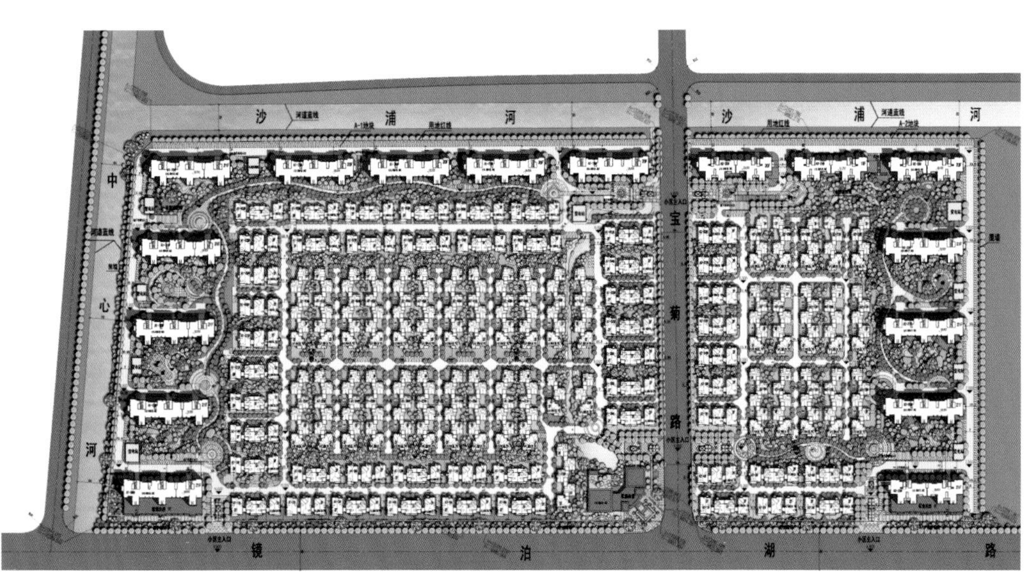

总平面图

项目说明

一、项目概况

该项目地块位于上海市宝山顾村镇，东至陆翔路，南至镜泊湖路，西至中心河，北至沙浦河。周边有M7号轨道交通，沪太路和A20公路，交通十分便捷。西侧有九年制义务学校和幼儿园。地块周边有顾村生态公园、菊泉新城，周边环境幽雅，整个区域比较适合居住。

项目分为两个地块。A1地块规划总用地面积156583平方米，总建筑面积290681平方米。其中地上建筑面积250533平方米（居住面积246063平方米。配套公建面积4470平方米）。地下建筑面积40148平方米。居住总户数1994户，容积率1.6，建筑密度24.9%，机动车停车位1453辆。A2地块规划总用地面积85213.1平方米，总建筑面积179253.58平方米。其中地上建筑面积153383.58平方米（居住面积151607.58平方米。配套公建面积1786平方米）。地下建筑面积25870平方米。居住总户数1326户，容积率1.8，建筑密度24.9%，机动车停车位962辆。

二、规划布局

整个地块被一条南北向的宝菊路划分成A-1，A-2两个地块，A1地块沿沙浦河布置17层的高层住宅、中心河布置21层的高层住宅，A2地块沿沙浦河以及地块东面布置17层的高层住宅，A2地块东侧布置21层的高层住宅，成环抱式型布局，形成面朝南向全景观且无相互遮挡的构图关系，同时也构成清晰而有力度的城市界面。其余地块布置低层住宅。高层住宅在节地的同时，享受更开敞的景观，而低层住宅享受更多的庭院景观和更私密的居住感受，实现资源的相对均衡。

小区依据两个地块各自分布成高层住宅和低层住宅两个组团，在南北向宝菊路上分别设置低层住宅主入口和高层住宅主入口，两种产品出入口各自独立，且A1地块和A2地块出入口相对应。除此之外，在南面镜泊湖路上两个地块又设置高层住宅和低层住宅的共用的出入口，同时在入口处布置配套用房方便住户的使用，这样实现两个不同业态的产品既相互独立又相互依存的共同混合式社区居住模式。

低层住宅是提升整个小区品质的精华所在，低层建筑风格采用英式都铎建筑风格，打造浪漫田园生活，结合会所，为小区中心的最高潮。通过不同的组合，或6户，或5户，或4户，或3户共同组成连续流畅，疏密有序的花园庭院空间。4联拼低层住宅相互组合，试图创造出“天人合一、曲径通幽、小中见大、别有洞天”的生活场所。景观与建筑空间的结合设置，使建筑不是脱离在自然条件之外而是与自然融为一体。建筑形态、空间走势，体现“阴阳相抱”的原理，使小区的每一幢楼都处在较好的环境位置，使整体环境达到相对完美的境界，从而创造良好的私密性，易识别的邻里，共同的界域感、归属感，使得整个小区成为健康生活、休养身心的住区。

在小区主出入口设计引导式场景，设置比较宽的树林，入口对景设置景观水流。在A-1地块通过一条人工河连接南北主入口，扩大化入口景观效果，形成长条形景观带，为更多的住户提供良好的景观环境，进而提升小区整体品质。在A-2地块通过人造一条30米左右宽的森林连接东面主入口，扩大化入口景观效果，为更多的住户提供良好的景观环境。在A-1地块东南角入口处结合入口景观设计小区配套商业，供两个地块共同使用。相关配套设置在南北向规划道路北面，高层住宅主入口北边。

三、道路交通

小区的交通组织层次分明，人车互不干扰，干净流畅，组团内部道路呈环形布置，使得组团内部的景观绿化相对集中。高层住宅地面停车主要停放在小区外围，并把车库出入口尽量远离小区出入口设置，很好地满足了高档住区的要求。

主道路环形车道宽7米，组团道路宽4.5米。沿高层区域地下设置两个地下机动车库。

两块地高层住宅区交通主要通过一条环状道路连接两个出入口，机动车主要布局在小区组团外围，其余车辆停放在地下车库，车库出入口设置在小区车行出入口附近。每幢高层住宅均设有一个长边的消防扑救面和一个不小于15米x8米的消防登高场地。低层住宅地面停车沿每户庭院布置。

四、景观设计

小区环境设计充分体现所在地域的自然环境特征及历史、文化渊源，做到人、自然、建筑的和谐，因地制宜进行景观环境的创作，力求创造出具有时代特点与地域特征的环境空间，营造自然、舒适、安全、便捷的居住环境。小区内将景观绿带及道路绿化隔离带等各个层次的绿化相互连通，形成一个有机的生长的网络，为居民打造一个修身养性、沟通交流的理想场所。特别在小区主入口、入口景观广场，英伦配套商业、景观塔楼以及带形人工河相互呼应，形成一组完整的空间序列，共同组成引导式田园式英伦入口场景。

东湖壹号，中国长沙

项目资料

项目地址：中国湖南省长沙市　/占地面积：224617平方米　/总建筑面积：360914平方米　/容积率：0.44

绿化率：51%　/设计单位：美国JY建筑规划设计事务所

项目说明

爵世名邸位于长沙市尚东板块，南邻繁华的交通主干道人民东路，毗邻秀美悠长的浏阳河，占地超过160000平方米的英伦风格独栋别墅群，330~420平方米共24种户型选择，地下室、阁楼、花园均采用全明式设计，200平方米私家花园，三重院落生活体验，独立双车位；整个别墅区独拥40000平方米自然湖泊、530米湖岸线风光带，衍生出3条水系穿越其中，并配套3200平方米湖泊、4700平方米皇家会所、360度全景式宫廷园林。

鸟瞰图

保利·心语，中国成都

项目资料			
项目地址：中国四川省成都市	/ 占地面积：132 952平方米	/ 总建筑面积：579 123平方米	/ 容积率：4.19
绿化率：33.12%	/ 设计单位：英国UA国际建筑设计有限公司		

项目说明

一、项目概况

该项目一期地块位于成都高新区大源组团内，拓新西三街以北，荣华南路以西，西临规划道路，北临瞻远西三街。周边城市道路交通体系完善，交通十分便捷。区内地势平坦，建设条件良好。地块周边有规划中的城市公园、以及栏杆堰水系，周边环境幽雅整个区域适合居住。

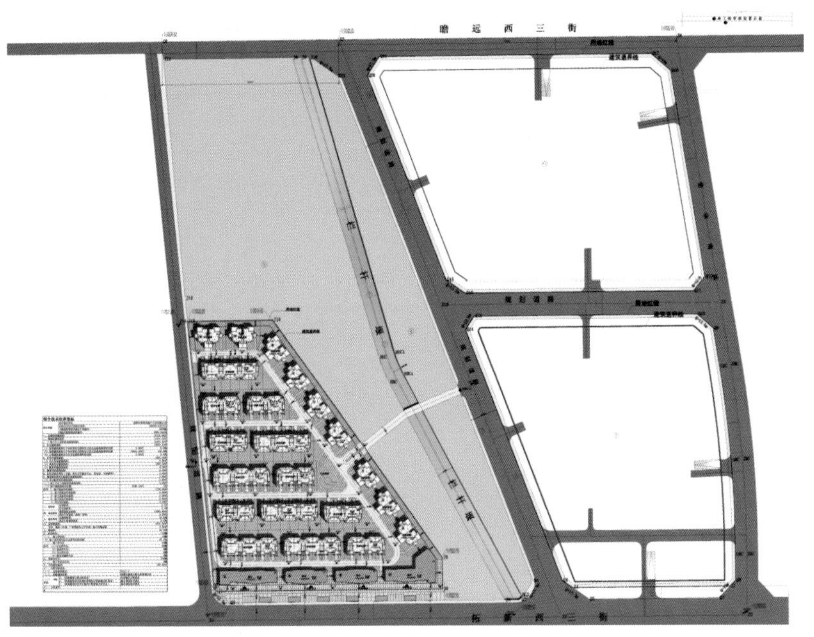

二、规划设计

住宅部分采用建筑围合的手法形成较私密的空间，主要以两个住宅围合而成，住宅内部的环境幽静。组团入口采用星级入口大堂的设计形态，结合高差让人产生私密，高贵的感觉。住宅采用半地下车库的设计手法，车辆可从地下车库出入口直接进入小区。小区内部整体抬高1.35米，内部道路为纯人行道路，实现人车分流，仅在紧急时候供消防车使用，沿街一层为底层商业。在周边道路上各自设置紧急出入口可供消防车紧急通行，直接进入小区。

三、道路交通

小区在基地西侧规划道路上各自设置了主要入口。交通组织做到了合理组织人流、车流和车辆停放，创造安全、安静、方便的居住环境。为了尽量减少小区地面车辆行驶对居民生活的影响，将车库出入口设置在周边道路上；做到车辆不进入小区，直接进入地下车行交通系统，使得内部道路为纯步行交通，创造了幽静安全的空间效果。

住宅组团内道路路面宽4米，为纯步行道路，可兼做消防车紧急通道。每幢高层住宅部分均设有一个长边的消防扑救面和一个不小于15米x8米的消防登高场地。沿北侧规划道路和西侧规划道路各自布置一个地下车库出入口，住宅入户和来客车辆均直接停入小区地下车库内。

四、景观设计

规划绿化系统由防护绿地，共享绿化走廊、组团绿地、公共设施绿化等组成，充分体现了绿色居住区的规划特征。绿化与道路、公建等诸多要素紧密联系。最大限度的保证了住户绿化景观的均好性要求，同时为居民提供游憩、交流的活动场所。

小区环境设计充分体现了成都当地历史、文化渊源，做到人、自然、建筑的和谐，因地制宜进行景观环境的创作，力求创造出具有时代特点与地域特征的环境空间，营造自然、舒适、安全、便捷的居住环境。

环境设计体现了社区文化，为居民提供休息交往空间和休闲娱乐场所，设置了儿童活动、老年人休息和健身锻炼的场地。

将小区的主要出入口区、视线通廊区、步行街区、中心广场区、集中绿地区、作为环境设计的重点。设计通过对建筑的体量、色彩、尺度、广场的标志性等的处理，充分展现整个居住区的风貌。尤其是小区出入口设计具有标志性、简洁性、美观性，避免盲目追求豪华、气派。

小区环境设施起到点缀和强化景观效果的作用，同时具有功能性，减少硬铺装地面。建筑小品等硬质景观设计突出观赏性和趣味性，体量和尺度适宜，少而精；标志设计简洁醒目；照明设计营造安静优雅的生活气氛；游戏器械符合儿童的尺度和安全要求。

五、建筑设计

项目低层住宅充分利用英式风格体现中产阶级豪华而不奢华，雅致温馨，典雅大方的风格，整个立面构图运用的“三段式构图”，下部基座为石材，中间为面砖外墙，上部为屋顶，侧面山墙处还有局部运用一些线脚，增强自然的气息，与环境相互映衬。

万科·云海台，中国烟台

项目资料

项目地址：中国山东省烟台市 / 占地面积：311 613.5平方米 / 总建筑面积：537500平方米 / 容积率：1.42 / 绿化率：42% / 建筑密度：24%

设计单位：CDG国际设计机构

项目说明

一、项目概况

本工程位于芝罘岛立交桥的西北，环海路的西边，交通便捷。西临黄海，北临西海岸住宅小区。用地呈不规则形状，且被一条规划路分为一大一小两块用地。

二、规划构思

根据本工程的特点和要求，设计一套便于开发、操作性强、可持续发展的建设构架。充分利用地形，建筑布局尽量坐北朝南，争取住宅的良好朝向与景观，并适当考虑道路走向、现状建筑的格局和基地形状。

小区的景观设计汲取中国传统造园文化的精髓，化整为零，探索适合本小区安置对象的景观模式，体现21世纪以社会、经济、文化、环境和技术为基点的“人为本”、“人性化”的人居环境。

三、总平面设计

本工程地形呈不规则多边形，且被一条规划路分为东西两块，一大一小两块用地。东地块由大量四层商业建筑，少量六层住宅、九层小高层住宅、十八层高层住宅组成。西地块由学校、幼儿园、少量配套商业以及十八层高层住宅组成。

四、景观绿化

理性与感性相结合的庭院式绿化系统。在“经济、适用、美观”原则的指导下，景观设计摒弃了常用的在大面积中心绿地四周布置建筑的“四菜一汤”模式，再考虑到安置村民原来一家一院的生活习惯，于是化整为零，把景观庭院化，充分利用宅间空地把内容做丰富，把原来一家一院的小家小院化为一楼一院的大家大院。则使村民闲时小聚的生活习惯得以保留并提升。另外，在梭形地块的公共区内辟出一个小广场，来满足人数比较多的活动需求。

五、交通组织

整个小区交通系统以便捷、安全、舒适为设计宗旨。整个小区道路设计充分体现以人为本的理念，每个楼都能就近停车，虽然实现人车分流有一定困难，但是设置了一套行之有效的机动车减速系统，使机动车在一个较安全的速度范围内行驶，确保行人的安全。

主要步行系统从公建中心区出发，延伸出三条并行的步行通道，这三条主要的步行通道都能很方便地达到各处的住宅楼前，并贯穿各个庭院式景观，通过设计带来良好的观赏性、驻足性、参与性。

而且停车位的开发也考虑分期开发的形式进行，即第一步在入住率不高，私家车辆不多的情况下，仅以此条停车路就可在相当长时间内解决停车问题，其他地方全部为绿地；第二步随着入住人数增加和私家车的增多，逐步开发地上停车空间。这样既可达到停车的目的也能使土地这一紧张资源可以在不同阶段发挥其最大的功用。停车位的分配以就近停车、就近入户的方式为主。

六、竖向设计

整个建筑场地地势高差较大，建筑的分布及道路的走向都依山就势，顺其自然，把道路的坡度控制在停车可行的范围内即可。地势的跌宕起伏使建筑形成丰富的天际线，形成良好的视觉形象，并为污水、雨水的排放提供便利条件，道路设有完善的雨水排放系统。

七、建筑设计

住宅户型设计：强调住宅平面的紧凑性，实用性，尽最大努力做到物有所值；注重住宅平面的功能分区，将动静分开；更加强调住宅平面的多元性，灵活性，尽量满足各种住户的需求；设计中重视住宅内空间的趣味性，以满足人们不断提升的精神上的需求；最大限度地将住宅平面的日照、采光、通风以及室内外空间和景观相互融合，保证每户有最大的自然接触面。

配套及公建用房包括沿街商业用房、小区中心会所、幼儿园、居委会、卫生站、监控室、警务室、便利店、公厕和配套设备用房。在满足人们日常生活、休闲需要的同时，根据其相对位置，通过建筑的空间构成手法使之成为小区的形象标志和亮点。另外小区其他设备用房如变配电站、换热站、燃气站等都选择在隐蔽、安全的地方。

绿地逸湾，中国上海

项目资料

项目地址：中国上海市　/ 总建筑面积：88 000平方米　/ 开发商：上海绿地集团　上海三友置业　/ 设计单位：润枫管理咨询（上海）有限公司

项目说明

项目总体以英伦风格为主调，在不同区域又运用“水、声、光”这三大元素在项目中展示出景观设计的意境。

一、三环波纹

水、声、光，这三大设计元素在多领域总带给人意想不到的惊喜，它们给园林景观注入了活力，并在这次独特的项目中展示出了景观设计的意境。当三个元素集中起来时会发现有奇妙的波纹产生，于是灵感由此诞生——“三环波纹”。

二、空间布局

项目分成三个空间区域。

第一个空间为商业会所区，这是项目中最狭小的一块区域，但也是最显眼的地方，在整个项目中它处于主导位置，起到预览的作用。

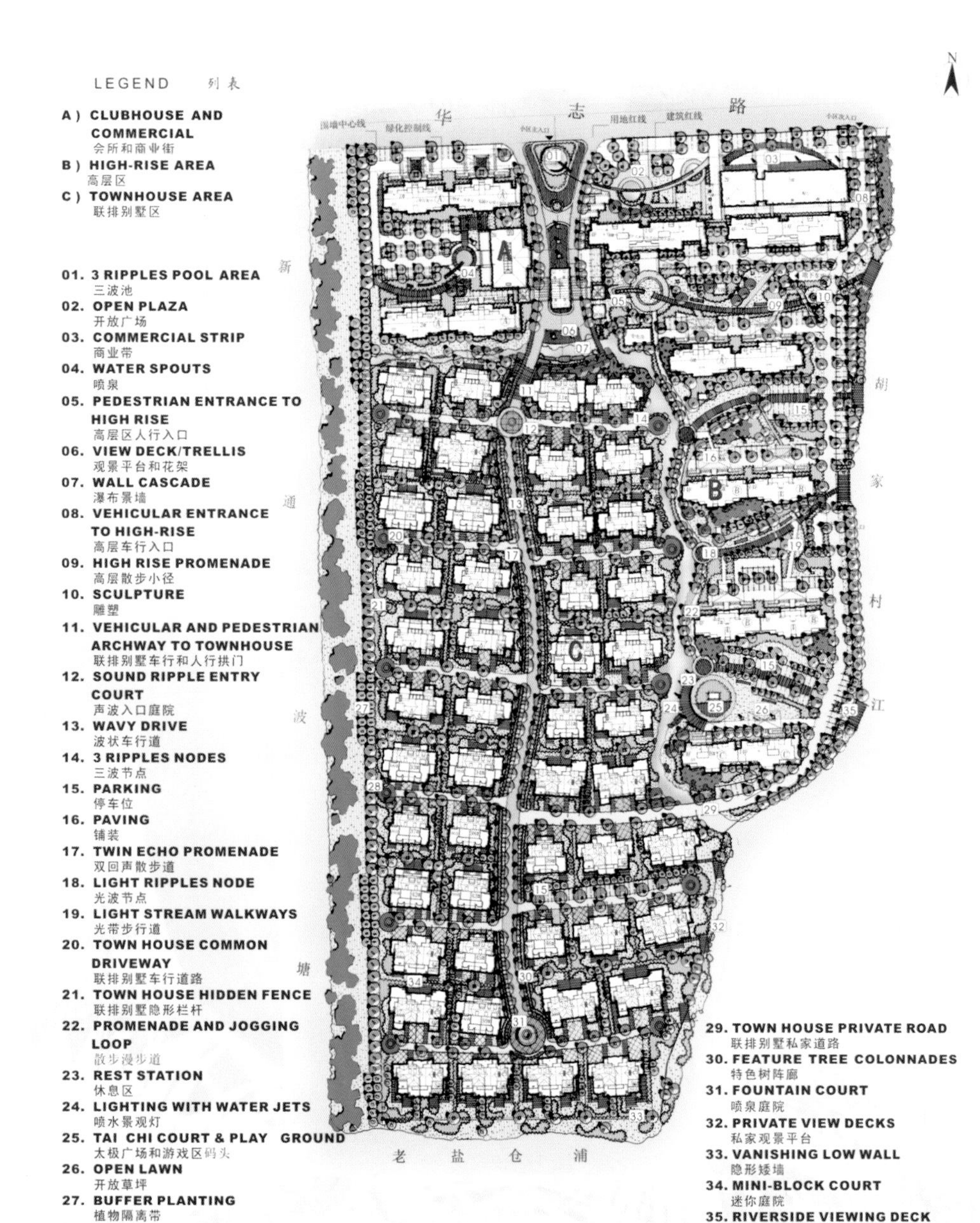

总平面图

绿地逸湾

第二个空间是高层区，它由八个园林城堡建筑构成，这是整个景观设计的亮点之处；它为高区和低区的居民提供了宽阔的空间。

第三个空间是别墅区，可能也是景观中最主要的部分，处理手法是比例缩小，为当地有鉴赏品位的居民创造豪华的氛围。

三、设计主题

“三环波纹”的设计旨在在同一主题下，把前面提到的三个空间统一起来。

在自然界中可以观察到当水滴落在水中时会形成波纹的情景，就像平静的湖面上套上一圈圈的环，而这正激发了设计的灵感；想象一下，当这三个环状波纹慢慢靠近对方并触碰到一起时，水面将形成象征平衡的三角形状。

提到平衡，三个设计元素将在以下的每个区域（商业、高层建筑和别墅）的深化设计中进行详细的描述。

第一空间，即商业区域，展示水波特征：波纹和旋转。这些特征与水的平衡形成对立，从而达到设计效果，波纹展示了水在运动时与旋转的涡流在相遇时所形成的效果。商业区设有一个小型的泳池类似于SPA，并通过安装助推系统让水旋转。同时，露天的庭院沿着商业区一带，设有起伏的波纹小品。

第二空间，即高层住宅区域，表现光波特征：反射和闪耀，解释为一个物体从其他物体得到光线并把光线反弹给原先发送光线的另一物体，而笔直的通道就像是从各个建筑入口发射出来的一束光线。

第三空间，即别墅声波区，在此区域里，构思一个在主旋律下所发出的四种不同的音律，从而分成四个独具特色的区域。

回声区：表现为平静的波纹，独特之处在于在中心区从小波纹开始慢慢扩大。

振动区：表现为振动，独特之处在于从源点发出的平行波纹。

巨浪区：表现上为急剧扩张，通过从扁平的平面发出的椭圆形线条进行展现。

剧烈区：清脆悦耳的音调区，声音的清脆质感如同是从轴心点旋转而出的一条直线，响彻天边。

这些特征都将被发展运用到四个别墅群的景观基调设置的模式中。

899弄

四、景观设计

景观设计的主要目的是向大家讲述一个关于三个区域的完整故事，这三个区域相互独立但却在同一主题和故事情节下统一起来。

从商业区的水波主题开始。在露天广场的“三环波纹”池就如同项目设计的掌舵者一般直接高调宣布出此次景观主题“三环波纹”。一个宏大的主入口出现在有大量铺装的文氏管形状的道路末端。同时示范柱廊和依次排列的树木同时看守着场地其他入口处，入口大厅还充当着岗亭的作用，在这里可以看到主要景观。在3米高处有一个弧形叠水墙和露天溪水欢迎游客的到来，而溪水正好把别墅区和高层区分隔开来。

在高层住宅区的露天区域里，有一个巧妙的停车位设计，它掩藏在社区庭院的景观里。庭院里布满了座椅和格子棚架。在建筑楼的入口通道处，出现一个宏大的入口庭院，它为居民从高层逐降提供一个通道。河滨栈道为居民提供一个从四个社区庭院观赏东侧水系景点的地方。在西侧，蜿蜒的漫步道引领行人一路沿着人工小溪前往6个临水居住组团。漫步道在主题广场处结束，当它漂浮到河堤处时正好可以作为主题广场河溪的背景。

高潮处也就是别墅区。在这个工程的山顶上，主要景观小品都服务于这个区域的道路，一个优雅别致的桥横跨人工小溪上通向别墅区。故意设计成茂密的环境来配合声波主题，所有的线条都用于表现自然界的节奏和韵律。因此，主要道路本身具有蜿蜒格局和纳入沼泽地和新月形的旋转景观设计。两个环形连接水景象征着这条道路的开始和结束。第一个环形路同样也构成了在别墅区的中央广场上四个片区中的第一个分组。从这个环形路辐射出的环带正象征着声波主题的回声区。在两个相邻的分组中，主要道路继续延伸着。在西侧的主题是声波振动区，可以看到沿线的车道上有重复波纹图案的铺装。东区的主题是声波巨浪区，突出的椭圆形图案装饰着每个别墅体的车道。出现在尽头的这个区域是临水别墅区，它的主题是声波剧烈区。这个主题通过环形广场及环形广场的辐射图案在这个分组其他区域处进行设计展现。河流具有最佳景观，通过提供休闲区、抬高的甲板和露天的草坪，为欣赏这个景点创造了良好的机会。

五、总括

“三环波纹”促使人摆脱单一的想象，真正地去领悟“水”对于此次概念设计，其实是一个很有力量的符号，对于有理想追求的人们来说，景观元素将强化此主题，为“三环波纹”的业主提供一个宜居住的家园。

混合风格

保利·叶上海，中国上海

项目资料				
项目地址：中国上海市	/占地面积：408373.7平方米	/总建筑面积：704177.88平方米	/容积率：1.35	/绿化率：40.5%
建筑密度：23.38%	/设计单位：英国UA国际建筑设计有限公司			

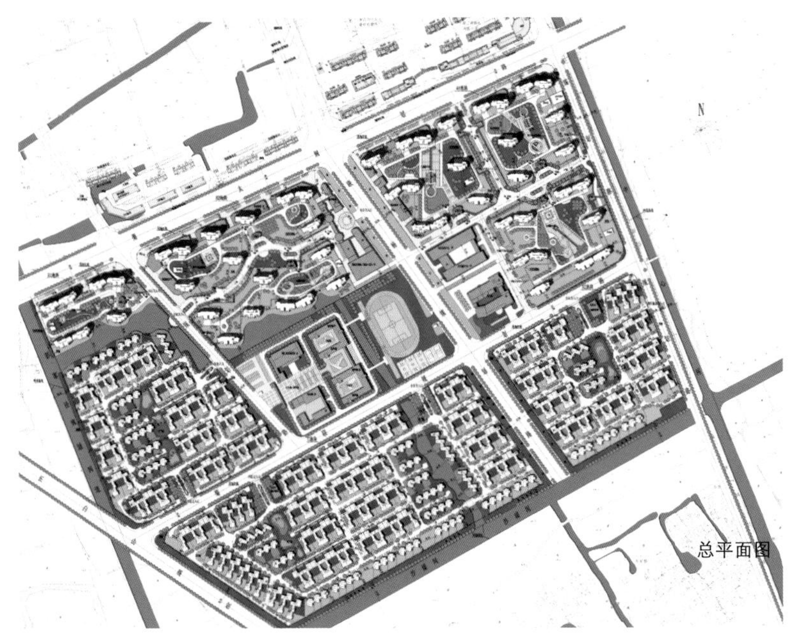

总平面图

鸟瞰图

项目说明

一、项目概况

该项目地块位于上海市宝山顾村镇，东至中心河，南至沙浦河，西至规划路，北至菊太路。周边有M7号轨道交通、沪太路和A20公路，交通十分便捷。地块内含三条规划道路。地块周边有顾村生态公园、菊泉新城，周边环境幽雅，整个区域比较适合居住。

规划总用地面积408 373.7平方米，总建筑面积704 177.88平方米。其中，地上建筑面积551 304平方米（居住面积508 979平方米，配套商业面积27 565平方米，公共服务设施面积14760平方米），地下建筑面积152873.88平方米。居住总户数5324户，容积率1.35，建筑密度23.38%，机动车停车位4092个。

基地的形状比较规整，整个地块边界与正南北夹角约28度。基地整体地势比较平整，目前主要是作为农田，中间夹杂部分农村住宅。地块中间有河道穿过。

二、设计原则

（1）合理化原则。根据住区内各类建筑功能的内在联系，科学分析，统筹安排，不为追求所谓的特殊效果而牺牲基本的合理性。

（2）利益最大化原则。

（3）创新性原则。创新日益成为住区开发的核心要素，特别是在目前市场竞争日趋激烈的环境下，只有通过总体规划与单体设计的创新，为产品带来亮点。

三、设计理念

根据其定位进行整体式的规划，强调社区的开放性，一方面为居住者提供生活的便利，另一方面实现社区与城市环境的融合。

开放式社区，以超前的开放式街区营造出独具魅力的复合型居住空间，领跑宝山都市新生活；开放式住宅，营造社区的城市感；三级物管、开放式景观，提升社区品质。

四、道路交通

小区的交通组织层次分明，人车互不干扰，干净流畅，组团内部道路呈环形布置，使得组团内部的景观绿化相对集中。高层住宅为达到人车分流，地面停车主要停放在开放街区和小区外围，并把车库出入口尽量设置在小区外围。

五、绿化系统

小区的公共绿地、宅旁绿地、配套公建所属绿地和道路绿地配置合理，避免了人群过度集中活动。组团绿地的设置满足有不少于1/3的绿地在标准的建筑日照阴影线范围之外的要求，并便于设置儿童游戏设施和适于成人游憩活动。

规划绿化系统由防护绿地，共享绿化走廊、组团绿地、滨水绿化带、公共设施绿化等组成，充分体现绿色居住区的规划特征。绿化与道路、河道、公建等诸多要素紧密联系。在形态上形成由河道绿化沿共享绿化走廊向组团中心，生长延伸的体系结构，最大限度的保证了住户绿化景观的均好性要求，同时为居民提供游憩、交流的活动场所。

六、建筑设计

高层住宅立面处理上，我们将对现代与古典相结合，强调竖向线条以及纵伸感，使其具有一种明显的垂直性的竖向构图，使建筑更具挺拔感。使其既保留烂漫主义风格的韵味，也不失现代感。立面丰富而不烦琐，温馨耐看。

低层住宅充分利用英式风格体现中产阶级豪化而不奢化，雅致温馨，典雅大方的风格，整个立面构图运用的“三段式构图”，下部基座为石材，中间为面砖外墙，上部为屋顶，侧面山墙处还局部运用一些线脚，增强了一些自然气息，与环境相互映衬。同时，立面上还采用了一些局部装饰与线脚，使立面丰富而不烦琐，温馨耐看。

另外，充分利用玻璃、金属等材料来加强建筑轻盈、灵秀的风格，以最大限度地融入周围环境。色调方面则以柔和明快的暖色调为主。建筑物造型结合顶部退台形成高低错落的立面轮廓，加之顶部斜檐透空构架等元素，内外交织成一幅多彩的画面。

商业街设计采用大橱窗、帆布遮阳篷和雕花门柱等传统古典元素，色彩较为明快和丰富，以营造出热闹的商业氛围。商业街空间设计应尽可能考虑室外空间的利用，营造出若干小庭院可供休憩和餐饮桌椅的摆放，使其更具休闲街韵味。同时打造具有运河特色的水岸风情街。

颐和高尔夫庄园，中国广州

项目资料

项目地址：中国广东省广州市　/ 开发商：广州颐和地产集团

项目说明

颐和高尔夫庄园盘踞广州大都市中轴线上，地处白云山、南湖双国家级旅游度假区风景区内，坐拥城央难得一见的生态景观，自然而然地融于浩淼山水，白云山、凤凰山、聚龙山、帽峰山等十八座山峰环绕，18洞南湖国际高尔夫球场、逾1700000平方米树木葱郁的山顶森林、10000 平方米山泉泳池、1500000平方米碧波荡漾的南湖水面等城市中心稀缺的自然风光尽享无遗。

高尔夫鸟瞰

下沉院落

回廊院落

坡地院落

入户院落

天台院落

在产品设计上，这里的别墅既是一道美丽的融于山水的风景，也是富豪家族的每一个成员的私人王国。同一栋大别墅里，设有1~3部电梯，每个家庭成员都有私属的会所及花园。更为家族个体提供足够的生活延伸空间，如会议室、藏书馆、私家影院、室内恒温泳池、屋顶花园、佛室禅室、SPA房、底层会所、酒窖等，家族成员，几代同堂，各取所需，互不干扰。不仅如此，更有108种空间模型，全面迎合家族生活的需求：待客厅可以同比放大，主卧可以搬到风景最佳点；SPA馆可以放到空中，运动馆可以放到大厅……

同时，颐和高尔夫庄园还有“定制别墅”，业主可以定制家族的族徽以及个性化的入户大门、立面材料、功能空间等，体现自己的文化特色，让中国家族的顶级豪宅生活有了全新的平台与载体。